U0159164

四川 泸沽湖
生物多样性研究

彭 徐 董艳珍 徐大勇 ◎ 著

图书在版编目（ＣＩＰ）数据

四川泸沽湖生物多样性研究 / 彭徐，董艳珍，徐大
勇著. —成都：西南交通大学出版社，2020.6
ISBN 978-7-5643-7472-3

Ⅰ. ①四… Ⅱ. ①彭… ②董… ③徐… Ⅲ. ①湖泊 –
生物多样性 – 研究 – 盐源县 Ⅳ. ①Q16

中国版本图书馆 CIP 数据核字（2020）第 102358 号

Sichuan Luguhu Shengwu Duoyangxing Yanjiu
四川泸沽湖生物多样性研究

彭 徐　董艳珍　徐大勇　**著**

责 任 编 辑	牛　君
封 面 设 计	阎冰洁

出 版 发 行　　西南交通大学出版社
　　　　　　　（四川省成都市金牛区二环路北一段 111 号
　　　　　　　西南交通大学创新大厦 21 楼）

发行部电话	028-87600564　028-87600533
邮 政 编 码	610031
网　　　址	http://www.xnjdcbs.com
印　　　刷	四川煤田地质制图印刷厂
成 品 尺 寸	170 mm×230 mm
印　　　张	19.5
字　　　数	304 千
版　　　次	2020 年 6 月第 1 版
印　　　次	2020 年 6 月第 1 次
书　　　号	ISBN 978-7-5643-7472-3
定　　　价	120.00 元

序 *Foreword*

　　泸沽湖，俗称左所海，古名勒得海、鲁枯湖，位于四川省盐源县与云南省宁蒗县交界处，素有"高原明珠"的美誉。泸沽湖是中国南方重要的候鸟越冬栖息地、省级风景名胜区及高原湖泊湿地自然保护区。泸沽湖不仅是自然风光绮丽的高原湖泊，而且是摩梭人守望千年的秘境，更是他们的物质家园和精神家园。2007 年，四川泸沽湖荣膺国家 4A 旅游景区，2013 年被列入国家自然与文化"双遗产"名录。

　　为大力推进泸沽湖生态环境保护，根据财政部、环保部《关于组织申报湖泊生态环境保护试点的通知》(财建函〔2011〕155 号)和《湖泊生态环境保护试点管理办法》(财建〔2011〕464 号)有关要求，2012 年凉山州编制了泸沽湖生态环境保护试点项目申报材料，并成功申请入围第二批生态专项保护范围。根据湖泊生态环境保护专项工作的总体部署要求，于 2012 年启动开展泸沽湖生态安全调查与评估工作，通过全面开展泸沽湖流域生态安全状况、问题的调查研究，以期有效维护水库水生态安全，保持优良水质，促进水库的可持续利用与发展。

　　国务院《关于印发"十三五"生态环境保护规划的通知》(国发〔2016〕65 号)提出：党的十八大以来，党中央、国务院把生态文明建设摆在更加重要的战略位置，并纳入"五位一体"总体布局。环境保护部《关于印发〈全国生态保护"十三五"规划纲要〉的通知》(环生态〔2016〕151 号)提出："十三五"时期，紧紧围绕保障国家生态安全的根本目标，优先保护自然生态空间，实施生物多样性保护重大工程，建立监管预警体系，加大生态文明示范建设力度，推动提升生态系统稳定性和生态服务功能，筑牢生态安全屏障。国务院办公厅《加强湿地保护管理的通知》提出：健康的湿地生态系统，是国家生态安全体系的重要组成部分和经济社会可持续发展的重要基础。保护湿地，对于维护生态平衡，改善生态状况，实现人与自然和谐，促进经济社会可持续发展，具有十分重要的意义。

四川省人民政府《四川省湿地保护"十三五"实施规划（2016—2020 年）》提出：增强全省湿地生态系统的自然性、完整性和稳定性，在全省建成湿地保护和修复体系、科普宣教体系和监测评估体系。到 2020 年，我省湿地面积不低于 2 621 万亩（1 亩 ≈ 666.7 m^2），湿地公园和湿地保护区数量达 70 个，湿地保护率达 56%。四川省人民政府办公厅《关于印发四川省湿地保护修复制度实施方案的通知》（川办发〔2017〕98 号）提出：严格湿地用途监管，确保湿地面积不减少，增强湿地生态功能，维护湿地生物多样性，全面提升湿地保护与修复水平。坚持自然恢复为主与人工修复相结合的方式，对集中连片、破碎化严重、功能退化的自然湿地进行修复和综合整治，优先修复生态功能严重退化的国家和省级重要湿地。将湿地保护修复与流域污染治理相结合，开展重要湿地、湖泊、河流流域污染综合治理；结合生态文明示范创建，实施一批流域农村面源污染防控、村镇生活污染治理、水生态修复、河（湖）滨生态恢复等方面生态治理项目。

凉山州人民政府办公室《关于印发〈凉山州生态保护与建设（2015—2020 年）推进工作方案〉的通知》（凉府办函〔2015〕287 号）：以西昌邛海、盐源泸沽湖、布拖乐安、木里鸭嘴等湿地景观为主体，以湿地生态系统和珍稀物种栖息环境保护为核心，加强湿地自然保护区、湿地公园和湿地保护小区建设，完善保护管理体系，促进湿地资源的保护与合理利用。开展湿地保护与恢复工程、中小河流山洪治理、重要河湖水生态保护与恢复工程，恢复湿地面积，提高现有湿地自然保护区的保护功能和管理能力。

按照四川省林业厅 2014 年 8 月 13 日公布的第二次全省湿地资源调查结果，泸沽湖面积比 2000 年时萎缩了 224.14 hm^2（公顷）。25 个位于四川的大于 100 hm^2 的湿地总面积，比 2000 年时减少了 617.79 hm^2，湿地年萎缩率为 0.55%，68% 的湿地都呈萎缩退化状态。放眼全省，省林业厅评估认为，湿地质量总体呈下降趋势，部分湿地存在过度开发利用现象。近年来，凭借丰富优质的水资源、森林资源、气候资源和摩梭人独特的婚姻家庭形态、走婚习俗以及保持着母系氏族社会的遗俗，泸沽湖景区游客数量呈井喷式上升，游客污染、旅游接待的生活污水及当地农业生产、生活带来的面源污染加快了泸沽湖湿地的水质恶化进度，加之水土流失、泥沙淤积等因素进一步加剧了泸沽湖湿地的生态环境恶化，威胁到泸沽湖湿地生态系统的稳定性及其功能的正常发挥，进而影响到活动或栖息于此的鸟类生存或迁徙环境。特别是泸沽湖大草海湿地生境恶化，大草海湿地水体富营养化程度呈显著恶化态势，尤以北部区域最为明显。氮、磷和悬浮物含量超标，使水生植物（香蒲、芦苇、野菱、水葱等）生长繁殖迅猛，一方面在成熟或在冬季腐烂分解时，释放的氮、磷等营养物质进入水体，加速水质恶化；另一方面造成湿地水循环不畅，加速湿地退化进程；再次会逐步吞噬亮海水域。因此，泸沽湖大草海湿地生态系统健康备受关注，尽管最近两年盐源县政府采取措施，对草海湿地与泸沽湖水域相衔接的邻近区域进行小范围割草处理，但效果甚微。因此，采取科学有效的措施对泸沽湖生态环境保护基线调查，对大草海进行生态修复和水污染防控势在必行，这是以科学方式遏制生态环境退化，保护泸沽湖自然生态的需要，是修复草海重要区域生态系统，为整个泸沽湖风景区的保护和恢复提供示范的需要，是改善草海湿地环境，促进泸沽湖生态旅游发展的需要，这些工作也直接关系到今后四川泸沽湖晋升为省级乃至国家级保护区的发展大局。有必要通过科学制订泸沽湖湿地水污染防治规划以及科学实施水污染治理措施，借鉴国内外类似案例的成功经验，并结合泸沽湖自身情况开展科学研究。

2014初，以西昌学院彭徐教授为首的专家团队，通过他们组建的四川省高校重点实验室——四川高原湿地生态保护与应用工程重点实验室为基础，开展了泸沽湖生态环境保护基线调查、大草海生态修复和水污染防控调查研究，经过连续4年的艰苦努力，首次完整地形成了一套泸沽湖生物多样性本底基础资料和成果。主要成果包括：泸沽湖水生生物组成及其评价，对浮游生物、水生维管束植物、鱼类动物种群、鸟类动物种群、泸沽湖湿地生态系统、泸沽湖生物多样性评价等方面。该研究成果对高原湖泊生物多样性保护、水环境生态保护、湿地恢复重建、生态旅游发展等领域有重要指导作用。今喜闻彭徐教授团队出版《四川泸沽湖生物多样性研究》一书，这是目前泸沽湖生物多样性保护研究方面一本完整、全面的科研著作，它不失为一份珍贵翔实的高原湖泊湿地保护资料，对各级政府部门的管理者、科技工作者都具有指导意义和参考价值。希望它的出版为高原湖泊保护、湿地恢复和重建产生积极的推动作用，保护好我国的江河湖泊，为高原湖泊地区政府部门的决策和生态保护服务。

泸沽湖的保护工作任重道远，我们要当好泸沽湖的保护神，把泸沽湖保护好、建设好、管理好。切实解决泸沽湖湿地的保护与恢复问题，是高校科技工作者的重大责任，也是凉山西昌各族群众的迫切愿望。

四川省生态环境保护科学研究院教授级高工　**钱骏**

2019 年 6 月 21 日

前言 *Preface*

泸沽湖位于四川省西南部凉山州盐源县和云南省西北部丽江市宁蒗县的交界处，地理坐标为东经 100°46′27″ ~ 100°55′50″、北纬 27°40′45″ ~ 27°44′57″，湖面海拔 2 689.8 ~ 2 690.8 m，为两省共辖，东部为四川盐源县，西部为云南宁蒗县。有文字记载以来，元、明、清三代中央王朝在泸沽湖设立左所土司千户所，建立土司制度，土司公署驻多舍；1951 年建左所自治区，区公所仍驻多舍，辖 6 个乡。其中泸沽湖东岸地区为沿海乡，乡政府驻地于 1964 年自多舍迁至古拉。1992 年沿海乡改为泸沽湖镇，镇政府又迁回多舍。四川部分辖盐源县泸沽湖镇的 8 个行政村，辖木垮、多舍、匹夫、海门、博树、山南、直普、舍垮 8 个村民委员会，41 个自然村落，其中摩梭自然村 16 个、彝族自然村 14 个、汉族自然村 5 个、藏族自然村 5 个、纳西族自然村 1 个，90 个村民小组，14 个党支部。多舍村为镇政府所在地。泸沽湖流域是以摩梭人为主的多民族聚居区。四川境内居住的民族有蒙古（摩梭）、彝、汉、纳西、藏、壮族，其中少数民族人口占总人口的 80% 以上，而摩梭人占少数民族的 50%。2012 年末，辖区总人口 12 229 人，其中城镇常住人口 1 468 人，城镇化率 12%，另有流动人口 680 人。总人口中，男性 5 662 人，占 46.3%；女性 6 567 人，占 53.7%；14 岁以下 2 996 人，占 24.5%；15 ~ 64 岁 7 655 人，占 62.6%；65 岁以上 1 577 人，占 12.9%。总人口中，摩梭人 5 640 人，占 46.2%；彝族 2 931 人，占 24.0%；汉族 2 221 人，占 18.2%；纳西族、藏族、壮族等其他少数民族 1 423 人，占 11.6%。其中蒙古、彝、纳西、藏、壮族等少数民族人口 10 008 人，占 81.8%。2012 年人口自然增长率 0.67%，2015 年人口自然增长率 0.9%。辖区总面积 283 km²。人口密度为每平方千米 43.2 人。

泸沽湖为第四纪中期新构造运动和外力溶蚀作用形成的一个高原断层溶蚀陷落湖泊。泸沽湖是一个典型的高原天然淡水湖泊，属金沙江水系，湖面海拔 2 690.8 m。湖泊略呈北西—东南走向，南北长 9.5 km，东西宽 5.2 km，湖岸线长约 44 km，四川部分 20 km。湖泊面积 50.1 km^2，其中四川部分 31.2 km^2。湖泊集水面积 247.6 km^2，四川部分 140.6 km^2。湖泊补给系数（即流域面积与湖泊面积的比值）为 4.94。泸沽湖最大水深 105.3 m，水深超过 50 m 的湖区约占全湖面积的一半，平均水深为 40.3 m，是我国最深的淡水湖之一，仅次于天池和抚仙湖。湖水库容量为 22.52 亿立方米，超过滇池，次于洱海。四川泸沽湖湿地自然保护区始建于 1999 年 12 月，2005 年由凉山彝族自治州人民政府批准为州级自然保护区。该保护区保护管理泸沽湖东部区域及其周边山地，保护面积 16 867.0 hm^2，其中：核心区 9 402.5 hm^2，占 55.7%；缓冲区 1 746.5 hm^2，占 10.4%；实验区 5 718.0 hm^2，占 33.9%。

泸沽湖不仅具有调节气候、蓄水、防洪等自然功能，而且是凉山州重要的优质饮用水源地，兼具有旅游观光、湿地保护等多种功能。泸沽湖水质优良，总体维持在 I 类地表水水质，泸沽湖平均透明度达 11.86 m，最大透明度达 16.5 m。泸沽湖物种丰富，具有生物多样性，泸沽湖亮海浮游植物种类繁多，有 178 种，共发现浮游动物 99 种；泸沽湖草海共有水生维管束植物 36 种；泸沽湖底栖动物共 27 种，其中，原生动物 24 种、贝类 3 种；泸沽湖鱼类有 17 种；四川泸沽湖湿地记录鸟类有 49 种。泸沽湖拥有 2 万多亩天然湿地，每年有大量候鸟栖息，是南方候鸟的重要栖息地。泸沽湖在我国西南高原湖泊中具有特殊地位，其生态环境安全对珍稀物种、湿地保护、生物多样性维持等具有不可替代的作用。泸沽湖拥有国家 I 类保护鸟类 2 种，占物种总数的 4.08%；国家 II 类保护鸟类 4 种，占物种总数的 8.16%；四川省保护鸟类 5 种，占 10.20%；极危（CR）物种 1 种，即青头潜鸭，2012 年它被世界自然保护联盟列为极危物种，全球仅存 500 只左右；濒危（EN）物种 1 种，近危（NT）物种 2 种，低危（LC）39 种；"三有"（*）（注：国务院野生动物行政主管部门于 2000 年 5 月制定了《国家保护的有益的或者有重要经济、科学研究价值的陆生野生动物名录》，简称"三有名录"或"三有"）鸟类 21 种。泸沽湖拥有鱼类特有种——厚唇裂腹鱼、宁蒗裂腹鱼、小口裂腹鱼，这是泸沽湖与雅砻江存在的地理与生态隔离而同域分化形成的，是千百万年来适应辐射形成的特有种。

　　高原之上的泸沽湖水，是格姆女神晶莹的眼泪。风情万种的美丽家园，是摩梭人守望千年的古老秘境。摩梭人婚姻、家庭形态保持着母系氏族社会的遗俗，他们的走婚习俗与母系家庭保留至今，这在我国是唯一的，在世界上也是罕见的。它保留了人类社会发展过程的一个历史阶段，在世界人类社会发展史上具有代表性和独特性，有很高的人文科学研究价值。同时，摩梭人也接受了藏文化的影响，在思想文化、生活习俗、衣饰方面，都刻上了明显的藏文化影响的印记，而母系制却在文化适应中保留了下来，于是形成了既吸纳藏文化而又有自身特点的摩梭母系制及其文化，这种文化模式以其特有的组织形式、家庭结构、伦理规范、社会功能等发挥着自己的优势，顺应着社会的发展。因此，摩梭民俗文化具有成为世界文化遗产的保护价值。为此，泸沽湖以其绮丽的自然风光和母系氏族社会遗风为世人所向往。2007 年，四川泸沽湖荣膺国家 4A 旅游景区，2013 年被列入国家自然与文化"双遗产"名录。

　　为大力推进泸沽湖生态环境保护，根据财政部、环保部《关于组织申报湖泊生态环境保护试点的通知》（财建函〔2011〕155 号）和《湖泊生态环境保护试点管理办法》（财建〔2011〕464 号）有关要求，2012 年凉山州编制了泸沽湖生态环境保护试点项目申报材料，并成功申请入围第二批生态专项保护范围。根据湖泊生态环境保护专项工作的总体部署要求，于 2012 年启动开展泸沽湖生态安全调查与评估工作，通过全面开展泸沽湖流域生态安全状况、问题的调查研究，以有效维护水生态安全，保持优良水质，促进水环境的可持续利用与发展。2014 初，西昌学院、凉山科华水生态工程有限公司共同开展为期三年的泸沽湖生物多样性调查工作。调查研究工作实施时间开始于 2014 年 1 月，至 2017 年 9 月完成。调查范围包括泸沽湖流域四川部分 140.6 km²，其中，陆地调查范围：泸沽湖流域范围 109.4 km²，涉及泸沽湖镇及其所辖多舍村、木夸村、博树村、海门村、直普村、山南村、舍夸村；湖区调查范围：共计 31.2 km²，其中湖面面积 24.08 km²，大、小湿地 7.11 km²。调查研究区域主要集中在大草海（地理坐标为东经 100°49′26″～100°54′20″、北纬 27°43′50″～27°43′57″）、王妃岛、落洼码头、川滇交界处、洼夸码头（地理坐标为东经 100°50′31″、北纬 27°44′21″）、安娜蛾岛、达祖码头（地理坐标为东经 100°49′28″、北纬 27°44′19″）等具体地点。

本调查研究工作的开展与组织实施由彭徐教授负责，调查报告汇编定稿由彭徐负责，调查报告资料的收集、整理、数据采集和分析由彭徐、董艳珍、徐大勇、王堂尧、杨位飞等人完成。调研报告前言由彭徐编写；第一章由彭徐编写；第二章由王堂尧、彭徐、杨位飞编写；第三章、第四章的浮游生物部分由董艳珍编写，底栖生物部分由董艳珍、徐大勇编写，水生维管束植物部分由李小艳编写，鱼类调查部分由彭徐、徐大勇、邓思红编写，鸟类、两栖爬行动物部分由彭徐编写，饮用水服务功能部分由郑晓惠、李进编写；第五章栖息地功能由彭徐、杨位飞编写，拦截净化功能部分由张万明编写，水产供给功能部分由徐大勇编写，人文景观功能部分由王堂尧编写；第六章由王堂尧、谢涵编写；调查报告图件编绘主要由杨位飞负责。

本调查研究得到了泸沽湖湿地自然保护区管理局、四川省生态环境科学研究院、泸沽湖污水处理厂、凉山州科华水生态工程有限公司等的大力支持和帮助，在此表示衷心的感谢！

由于作者水平有限，书中错误和不足之处在所难免，恳请有关专家和读者批评指正。

作　者
2019 年 12 月 17 日

目录 Contents

1

总 论

　　湖泊是我国最重要的淡水资源之一，党中央、国务院高度重视湖泊保护，2007 年 11 月，启动《全国重点湖泊水库生态安全评估与综合治理方案》。2011 年，财政部和环境保护部联合发布《关于印发〈湖泊生态环境保护试点管理办法〉的通知》（财建〔2011〕464 号），开展水质良好湖泊的生态环境保护试点工作，推动了我国湖泊生态环境保护思路的转变，由原来的"重治理、轻保护"变为"防治并举，保护优先"。

　　泸沽湖是我国较深的高原淡水湖，地处四川省西南部盐源县和云南省西北部宁蒗县的交界处，是四川省省级风景名胜区、云南省省级自然保护区，被当地摩梭人称为"谢纳米"，意为母海，有"神仙居住的地方，香格里拉的源头，母系氏族的家园"的美誉。摩梭人婚姻、家庭形态保持着母系氏族社会的遗俗，具有很高的人文科学研究价值。泸沽湖水质良好，总体维持在Ⅰ类地表水水质，能见度平均达 12 m。泸沽湖物种丰富，有波叶海菜花、裂腹鱼等特有物种，每年大量候鸟栖息，湖泊出口处 7 km^{2}的大草海分布着多种水生植物群落，在我国西南高原湖泊中具有特殊地位。泸沽湖生态环境安全对特有物种保护，生物多样性维持具有不可替代的作用。

　　为大力推进泸沽湖生态环境保护，根据财政部、环保部《关于组织申报湖泊生态环境保护试点的通知》（财建函〔2011〕155 号）和《湖泊生态环境保护试点管理办法》（财建〔2011〕464 号）有关要求，2012 年凉山州编制了泸沽湖生态环境保护试点项目申报材料，并成功申请入围第二批生态专项保护范围。根据湖泊生态环境保护专项工作的总体部署要求，于 2012 年启动开展泸沽湖生态安全调查与评估工作，通过全面开展泸沽湖流域生态安全状况、问题的调查研究，以有效维护水生态安全，保持优良水质，促进水环境的可持续利用与发展。2014 初，西昌学院、凉山科华水生态工程有限公司共同开展为期三年的泸沽湖生物多样性调查工作。

　　调查研究工作实施时间开始于 2014 年 1 月，至 2017 年 9 月完成，2017年 9 月—2018 年 11 月为研究报告形成时期。调查范围包括泸沽湖流域四川部分 140.6 km^2（图 1-0-1、图 1-0-2）。

（1）陆地调查范围。泸沽湖流域范围 109.4 km²，涉及泸沽湖镇，及其所辖多舍村、木夸村、博树村、海门村、直普村、山南村、舍夸村。

（2）湖区调查范围。共计 31.2 km²，其中湖面面积 24.08 km²，大、小湿地 7.11 km²。

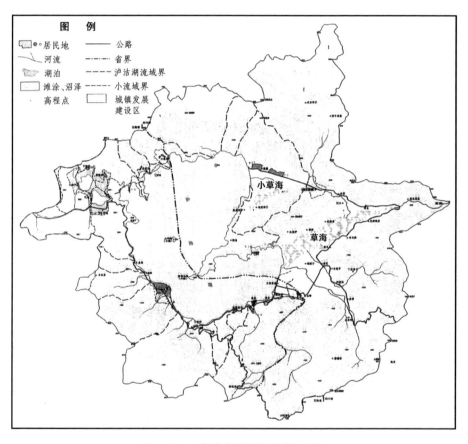

图 1-0-1　泸沽湖流域四川部分图

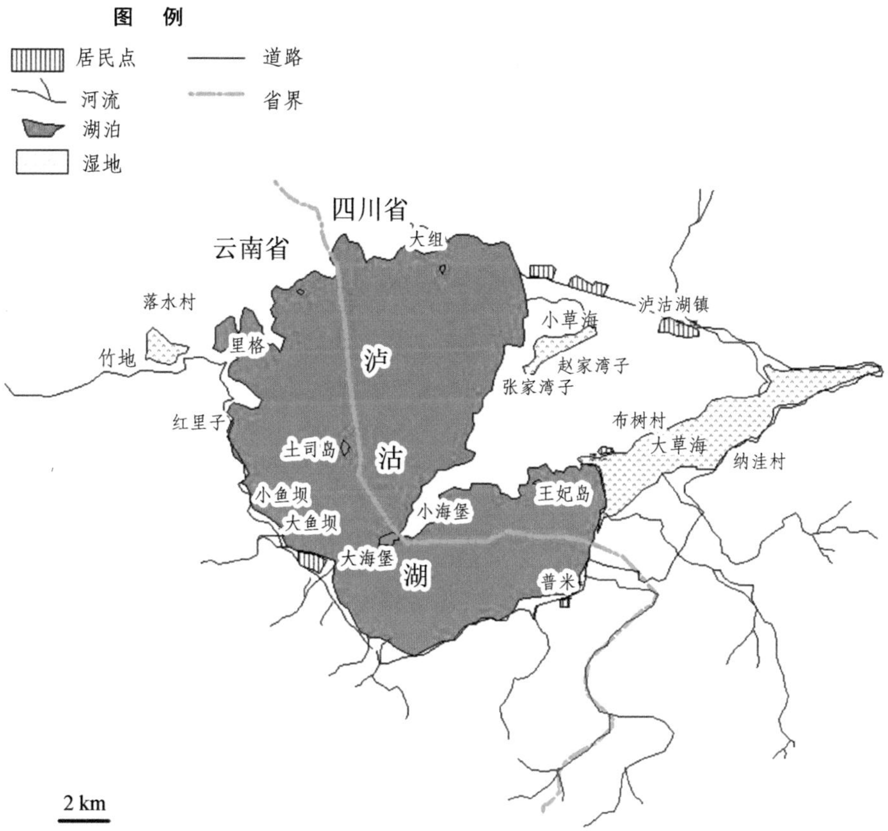

图 例

居民点 —— 道路
河流 省界
湖泊
湿地

四川省
云南省

大组

落水村
里格
泸沽湖镇
小草海
赵家湾子
张家湾子
竹地

红里子

土司岛

小鱼坝
大鱼坝
布树村
大草海
纳洼村

小海堡
王妃岛

大海堡

湖

普米

2 km

图 1-0-2 泸沽湖流域水系图

2

泸沽湖基本情况与现状

2.1 泸沽湖流域自然地理状况

泸沽湖位于四川省西南部和云南省西北部交界处（图 2-1-1、图 2-1-2），地理坐标为东经 100°46′27″ ～ 100°55′50″，北纬 27°40′45″ ～ 27°44′57″。湖面海拔 2 689.8 ～ 2 690.8 m，为两省共辖，东部为四川盐源彝族自治县，西部为云南宁蒗彝族自治县。距宁蒗县城、盐源县城、丽江市和西昌市分别为 73 km、118 km、289 km 和 260 km。

图 2-1-1　泸沽湖流域遥感图

图 2-1-2　泸沽湖区位关系图

2.1.1　地质概况

泸沽湖地区在大地构造上属于横断山块断带和康滇台背斜交界地带，形成时期较新，为第四纪中期新构造运动和外力溶蚀作用形成。泸沽湖是一个高原断层溶蚀陷落湖泊，由一个西北—东南向的断层和两个东西向的断层共同构成。泸沽湖流域属巴颜喀拉地槽区，金沙江褶皱系，湖区古代及中生代地层发育，第四纪地层仅见湖边的沙砾层，无典型的湖相沉淀，湖周断崖三角面及 U 形冰川谷地形到处可见，湖盆系由断陷及冰川作用形成。受构造运动的影响，湖盆四周群山环抱，湖岸多半岛、岬湾。

在地貌区划上属横断山系切割山地峡谷区，横断山北段高山峡谷亚区和滇东盆地山原区，滇西北中山山原亚区交界地带。泸沽湖湖岸多弯曲，形成深渊的小港湾，湖中有大小岛屿七个，都是石灰岩残丘。沿湖有四个较大的半岛伸入湖中，其中由东至西伸到湖中的长岛，长达 4 km，北部和长岛两侧的湖坡陡峻。湖北面有狮子山，高 3 754.7 m，东北面有肖家火山，高 3 737 m，西南为海拔 3 400 m 高的狗钻洞山地，最高点为湖西南面牦牛坪附近的主峰，高 4 200 m，形成相对高差 1 500 m 的壮观景象，泸沽湖如明镜镶嵌于高原群山之中。周围群山主要岩石为志留下统石灰岩和页岩，分布于狮子山一带，湖西岸分布着三叠系下统泥岩、砂岩夹少量泥灰岩，南岸及西南岸由二选系上统砂页岩、硅质岩、凝灰角砾岩、凝灰岩、砂页岩夹少量灰岩组成。

2.1.2　气候条件

泸沽湖流域地处西南季风气候区域，属低纬高原季风气候区，具有暖温带山地季风气候的特点。光照充足，冬暖夏凉，降水适中，由于湖水的调节功能，年温差较小。境内地形复杂，群山连绵起伏，呈现出明显的立体气候特点，气温随海拔升高而递减。区内干湿季分明，6—10月为雨季，11月至次年5月为旱季，1—2月有少量雨雪，旱季降水占全年降水量的11%，年相对湿度70%。湖水温度为10.0～21.4 ℃，是一个永不冻结的湖泊。常年平均气温12.8 ℃，一月平均气温6.3 ℃，七月平均气温19.1 ℃，极端最高气温30.0 ℃，极端最低气温 –8 ℃。区域内光能资源丰富，全年日照时数为2 260 h，日照率57%。

2.1.3　河流水系

区域内的泸沽湖是一个淡水湖泊，属金沙江水系，湖面海拔2 690.8 m。湖泊略呈北西—东南走向，南北长9.5 km，东西宽5.2 km，湖岸线长约44 km，四川部分20 km。湖泊面积50.1 km²，其中四川部分31.2 km²。湖泊集水面积247.6 km²，四川部分140.6 km²。湖泊补给系数（即流域面积与湖泊面积的比值）为4.94。泸沽湖最大水深105.3 m，水深超过50 m的湖区约占全湖面积的一半，平均水深为40.3 m，是我国最深的淡水湖之一，仅次于天池和抚仙湖。湖水库容量为22.52亿立方米，超过滇池、次于洱海。湖水最大透明度达17 m。

湖水东通四川打冲河，后注入前所河，最后注入雅砻江。泸沽湖入湖河流共18条（云南部分11条，四川部分7条），其中常流河共9条（云南部分5条，四川部分4条），分别为大渔坝河、乌马河、幽谷河、王家湾河、滇放河、凹垮河、蒙垮河、大嘴河、八大队河。流入湖的山泉主要有三家村附近山溪、小鱼坝山溪、洛水行政村附近大鱼坝山溪等。除上述河流和泉水外，湖水主要靠雨水补给。泸沽湖流域的降水量略高于该流域的外围地区，多年平均降水量约为1 000 mm。其中全年降水量的89%集中在6—10月的五个月中。由于泸沽湖的集水面积不大，故入湖河道都十分短小，较大的有由东岸汇入的山垮河和南岸汇入的三家村河。临时性的沟溪汇水和区间坡面漫流是湖水补给的一种主要形式。显然，这是提高该湖的陆面径流系数值，进而导致湖泊补给系数较小的重要原因之一。湖水的出口在

东岸，每年 6—10 月份，湖水经东侧的大草海及盖祖河排入雅砻江。出湖流量汛期达 3~5 m³/s。10 月份以后排流量甚小，每年 1—5 月湖水基本没有外泄。该湖是一个产流条件较好、湖水补给比较充沛，而水量损耗又相对较小的半封闭湖泊。

泸沽湖湖区主要包括湖面（当地称"亮海"）和"草海"，湖水过"草海"由"海门"外泄。湖水最大透明度为 12 m，pH 值在 7.7~8.6，矿化度 0.54 mg/L，淡水总硬度 5.5。水质达国家地面水Ⅰ类标准，是全国为数不多的优质水源地。泸沽湖长期保持优质湖水得益于汇水区土地较贫瘠，对湖区自然补充养分少。泸沽湖湖水清澈，湖区沉积物以无机物为主。

草海北面人口居住密集，当地居民生活污水直接排入草海，泸沽湖镇污水经处理后也排入草海，使草海水质达到中富营养水平。草海水质总体达到Ⅱ类水域标准，但旅游旺季和旱季草海岸边局部水域水质有所下降，溶解氧降低，氮、磷等营养物质超过Ⅱ类水标准。

2.1.4　土　壤

泸沽湖流域亚热带森林云南松林广为分布，气候在水平地带上虽属于南温带，但由于群山环抱，受深水湖泊的影响，形成了较特殊的小区气候特征，而且有北亚热带与南温带的过渡色彩。因此，流域的生物气候土壤带可做如下划分（图 2-1-3）。

2 800 m 以下：兼有北亚热带与南温带特点的云南松林红壤带；

2 800~3 600 m：南温带针阔混交林棕壤带；

3 600 m 以上：温带冷杉林暗棕壤带。

在上述成土条件下，流域的土壤发育过程，主要是红壤化过程及棕壤化过程。2 800 m 以下地段，年平均气温、积温及降水量虽较典型的亚热带低，但土壤的淋溶强渡和富铝化作用还是明显存在的，剖面呈红色，在这一带内的石灰岩母质上，土壤的盐基淋失过程大为减缓，很少发生脱硅富铝化作用，其成土过程表现为碳酸钙的淋溶-淀积，但有向红壤过渡的趋势；2 800 m 以上地段，主要为棕壤化成土过程，土壤在酸性环境中进行着腐殖质的累积，次生黏化和淋溶-淀积作用一般比较明显；3 600 m 以上的杜鹃-冷杉林，长期在冷湿条件下，土壤具有弱灰化特征和离铁作用，形成漂灰土。

图 2-1-3　泸沽湖土地利用类型

2.2　社会经济发展状况

2.2.1　行政区划

　　泸沽湖流域位于云南省丽江市宁蒗县和四川省凉山州盐源县的交界处，有文字记载以来，元、明、清三代中央王朝在泸沽湖设立左所土司千户所，建立土司制度，土司公署驻多舍；1951 年建左所自治区，区公所仍驻多舍，辖 6 个乡。其中泸沽湖东岸地区为沿海乡，乡政府驻地于 1964年自多舍迁至古拉。1992 年沿海乡改为泸沽湖镇，镇政府又迁回多舍。四

川部分辖盐源县泸沽湖镇的 8 个行政村，辖木垮、多舍、匹夫、海门、博树、山南、直普、舍垮 8 个村民委员会，41 个自然村落，其中摩梭自然村 16 个、彝族自然村 14 个、汉族自然村 5 个、藏族自然村 5 个、纳西族自然村 1 个，90 个村民小组，14 个党支部。多舍村为镇政府所在地。

泸沽湖镇村镇基本分布体系见表 2-2-1。

表 2-2-1   泸沽湖流域（四川部分）村镇分布

城镇	行政村	基层村（自然村）
泸沽湖镇	多舍村	多舍、古拉、母支
	木夸村	木夸、洼夸、中洼、格撒、大咀、阿洼、赵家湾
	博树村	博树、扎俄落、伍支罗、落洼
	海门村	海门、庞家屋基、嘎米、哨楼、下八家
	直普村	直普、马家社
	山南村	山南、布尔脚、密瓦、纳洼、马尾落、何家社
	舍夸村	舍夸
	匹夫村	匹夫

2.2.2   人口分布

泸沽湖流域是以摩梭人为主的多民族聚居区。四川境内居住的民族有蒙古（摩梭）、彝、汉、纳西、藏、壮族 6 个，其中少数民族人口占总人口 80% 以上，而摩梭人占少数民族的 50%。2012 年末，辖区总人口 12 229 人，其中城镇常住人口 1 468 人，城镇化率 12%，另有流动人口 680 人。总人口中，男性 5 662 人，占 46.3%；女性 6 567 人，占 53.7%。14 岁以下 2 996 人，占 24.5%；15～64 岁 7 655 人，占 62.6%；65 岁以上 1 577 人，占 12.9%。总人口中，摩梭人 5 640 人，占 46.2%；彝族 2 931 人，占 24.0%；汉族 2 221 人，占 18.2%；纳西族、藏族、壮族等其他少数民族 1 423 人，占 11.6%。其中蒙古、彝、纳西、藏、壮族等少数民族人口 10 008 人，占 81.8%。2012 年人口自然增长率 0.67%，2015 年人口自然增长率 0.9%。辖区总面积 283 km²。人口密度为每平方千米 43.2 人。

泸沽湖镇民族人口构成情况及 2014、2016 年末各村人口构成基本情况见表 2-2-2、表 2-2-3、表 2-2-4、表 2-2-5。

表 2-2-2 2016年泸沽湖镇民族人口构成情况

村别	户数	人口数							
		总人口	其中						
			蒙古族	彝族	汉族	纳西族	藏族	壮族	其他
全镇	2 335	11 916	5 506	2 832	1 973	734	618	21	232
木垮村	470	2 668	1 088	26	787	733	9	20	5
多舍村	391	2 203	1 774	294	129	0	6	0	0
匹夫村	234	1 072	0	982	0	0	90	0	0
海门村	188	864	0	691	0	0	173	0	0
博树村	159	1 014	998	1	10	0	5	0	0
山南村	293	1 381	758	9	512	1	100	1	0
直普村	312	1 297	0	827	257	0	213	0	0
舍垮村	288	1 417	888	2	278	0	22	0	227

注：舍垮村其他栏227人为5组107人和6组120人的总和，这两组人口的民族
属性未知，故统计在其他一栏。

表 2-2-3 2012年泸沽湖镇民族人口构成情况

村别	总人口	蒙古族	彝族	汉族	纳西族	藏族	壮族
全镇	12 215	5 640	2 931	2 221	803	611	23
木垮村	2 697	1 107	1	753	803	10	23
多舍村	2 245	1 795	297	138	0	15	0
匹夫村	1 076	0	990	0	0	86	0
海门村	897	0	723	0	0	174	0
博树村	1 129	1 055	0	73	0	1	0
山南村	1 420	775	10	537	0	98	0
直普村	1 370	12	889	267	0	202	0
舍垮村	1 380	896	3	453	0	25	0

表 2-2-4　2014 年泸沽湖镇各村人口调查统计表

指标	多舍村	舍垮村	直普村	布树村	木垮村	匹夫村	海门村	山南村	合计
人口总数	2 280	1 316	1 410	1 076	2 731	1 224	941	1 503	12 481
农业人口	2 280	1 316	1 405	1 069	2 700	1 224	938	1 480	12 412
非农业人口			5	7	31		3	23	69
常住人口	2 200	1 316	1 410	1 366	1 980	1 224	925	1 503	11 924
流动人口	180	127	150	400	300	120	16	505	1 798

表 2-2-5　2012 年泸沽湖镇乡村人口与从业人员情况统计表

统计项目		单位	数量
乡村户数		户	2 292
乡村人口		人	12 595
乡村劳动力资源数		人	6 732
其中：劳动年龄内		人	6 252
乡村从业人员数		人	5 695
其中：劳动年龄内		人	5 247
按性别分	男	人	3 010
	女	人	2 786
按国民经济行业分	农业从业人员	人	4 061
	工业从业人员	人	17
	建筑业从业人员	人	264
	交通运输、仓储和邮电从业人员	人	87
	信息传输、计算机服务和软件从业人员	人	1
	批发与零售业从业人员	人	231
	住宿和餐饮从业人员	人	708
	其他行业从业人员	人	298

2.2.3　社会习俗

摩梭人婚姻、家庭形态保持着母系氏族社会的遗俗，摩梭人的走婚习俗与母系家庭保留至今，这在我国是唯一的，在世界上也是罕见的。它保留了人类社会发展过程的一个历史阶段，在世界人类社会发展史上具有代表性和独特性，有很高的人文科学研究价值。因此，摩梭民俗文化具有成为世界文化遗产的保护价值。摩梭人人口较少，性格相对平和，又夹处于几个大民族之间，为了自己生存和自身发展的需要，摩梭民众不断在进行文化适应，特别是自唐代受制于吐蕃以来，摩梭人接受了藏文化的影响，在思想文化、生活习俗、衣饰方面，都刻上了明显的藏文化影响的印记，但母系制却在文化适应中保留了下来，于是形成了既吸纳藏文化而又有自身特点的摩梭母系制及其文化，这种文化模式以其特有的组织形式、家庭结构、伦理规范、社会功能等发挥着自己的优势，顺应着社会的发展。摩梭人最早信奉的是本民族的原始宗教——达巴教。在藏传佛教进入摩梭地区后，摩梭人除了主要信仰藏传佛教外，兼揉了原始的自然崇拜、达巴教信仰。他们相信万物有灵，灵魂不灭，认为天、地、日、月、山、水、火、风、雨、雷、电、木、石等自然现象和自然物体均有神灵，既能赐福，又能降祸。

母系制的存在，与摩梭人独特的价值观念、文化传统、思维方式密切相关。自古以来，摩梭人就非常崇母，儿女总不愿离开母亲的羽翼。在他们传统的观念里，认为生活在自己母亲身边，生活在"母亲的屋里"，才是最温暖的家，才是少有所养、残有所靠、老有所终的家，自己的责任就是维护这个家庭的富裕、和睦和团结。其次，母系大家庭关系单纯，生活温暖，家庭和睦，利于家庭富裕和美满。再次，历史上封建土司领主阶级虽然在统治权力上需要世袭而实行一夫一妻婚姻，但因穷人无钱娶妻，也无条件组合家庭，加之摩梭特殊的历史传统，因而摩梭民间阿夏婚长期保存下来。特殊条件形成的母系制，形成了一套相应的独特的观念，而这些观念又强化了母系制这种生存方式，它排斥着各种政治、文化的外来因素的干扰，长盛不衰地生存在泸沽湖地区这块土地上。很多人认为摩梭人独特的母系制和阿夏婚是原始意义上的母系制，是群婚的一种。但它与原始意义上的母系制不同，它是属于另一层次的，是由其特定的社会历史、生存环境、生存状态、思想观念等所决定的一种生存方式，是一种生存和文化的选择。

2.2.4　土地利用

泸沽湖镇土地利用以林地为主，辖区林地面积 216 km²，植被类型主要有冷杉林、丽江云杉林、黄背栎林、白桦林、云南松林、杜鹃灌丛、高山枸子灌丛、小果垂枝柏，其中云南松林、黄背高山栎林所占面积较大，森林覆盖率 76%。耕地面积 15 950 亩，人均 1.3 亩，主要为旱地，以种植玉米、马铃薯、荞麦为主；荒地 1 230 亩；天然草场 18 276 亩；退耕还林地 2 万亩；国家基建占地 570 亩。

泸沽湖流域多为山地，且大部分在海拔 3 000 m 以上。大部分村落分布在湖畔，村落多是依山面湖或依山面田错落分布。八家村、雪比落等藏族、彝族村落分布在海拔 3 000 m 以上的山地上。从土地利用方式分布来看，林地也多分布在 3 000 m 以上。

流域内村落历史形成的空间分布是与其生活、生产、自然条件密切相关的，具有一定的科学性，但部分挤占了湖滨带空间，甚至在 2 690.8 m 水位以下。沿山麓分布的村落，交通方便，有一定的农耕地，适合农耕生活。在山上生活的藏、彝族居民与该民族放牧、狩猎生活习俗相适应。

2.2.5　经济状况

泸沽湖镇是一个多民族、临省界的贫困镇，经济落后，群众生活水平低。目前，四川省泸沽湖镇基本没有工业，经济以种植业和养殖业为主，旅游业处于起步阶段。2015 年国内生产总值 7 500 万元，其中农业总产值 2 992 万元，第三产业总产值 3 500 万元，农民人均收入 2 678 元。

2.2.5.1　农　业

耕地面积 15 950 亩，人均 1.3 亩，主要为旱地，以种植玉米、马铃薯、荞麦为主；荒地 1 230 亩；天然草场 18 276 亩；退耕还林地 2 万亩。

2012 年种植马铃薯 8 036 亩，蛋白玉米 8033 余亩，大豆、荞麦等杂粮 6 100 亩，在退耕还林地套种马铃薯 1 000 亩，白芸豆、奶花豆 1200 亩，马铃薯总产量 46 010 t，蛋白玉米总产量 6 630 t，收获黄豆、奶花豆、白芸豆、紫花豆、白瓜子、苦荞、燕麦等杂粮 90 t，粮食总产量为 13 880 t。畜牧业以猪、牛、羊、家禽为主。2012 年四畜出栏 3.98 万头（只），生态鸡养殖 21.968 万只，全年肉类总产量 24 310 t。农民人均纯收入 6 122 元。

2015 年，泸沽湖镇人均纯收入 8 767.00 元，肉类总产量 3 856 t，粮食总产量 7 432.995 t；玉米播种面积 8 720 亩，产量 3 680.15 t；马铃薯播种面积 7 648 亩，产量 268.062 t（折粮）；豆类播种面积 4 558 亩，产量 639.97 t；其他粮食面积 3 476 亩，产量 408.926 t。

2016 年统计规模化养殖业主要有 66 户，其中木垮村有生态鸡养殖 1 户（阿洼社），养鱼 17 户（阿洼社）；多舍村有生态鸡养殖 12 户（阿洼社），养鱼 6 户（3.4 组）；舍垮村有生态鸡养殖 2 户，养鱼 17 户；山南村有生态鸡养殖 1 户（1 组）；养猪 10 户。

2016 年蔬菜种植面积 380 亩。规模化大棚种植业主要在木垮村和舍垮村，其中木垮村有大棚 3 户；舍垮村有大棚 17 个，其中，温室大棚 10 个，普通 7 个。2016 年统计果树种植情况见表 2-2-6。

表 2-2-6　2016 年度泸沽湖镇"1+X"生态产业新建
果树基地情况汇总

作物	村	农户数	农户人口数	贫困户	成片造林面积/亩	零星折算面积/亩	合格造林面积/亩
核桃	木垮	408	2 292	63	1 024.2		1 024.2
	多舍	75	493	13	326.16	6	332.16
	海门	101	489	21	565	3	568
	匹夫	91	418	25	1624		1 624
	山南	93	460	20	151		151
	博树				45.63		45.63
花椒	匹夫	77	539		1127		1127
	山南	49	245	32	68		68
	多舍	9	43		2	15	17
	博树	2			1.72		1.72
苹果	直普	47	264	10	392		392
	舍垮	67	268	67	360		360
	博树	5			22.46		22.46
合计		1 024	5511	251	5 709.17	24	5 733.17

2.2.5.2 商业外贸

泸沽湖镇为泸沽湖片区四乡一镇的集贸中心,现有集贸市场 1 个。2012 年社会商品零售总额 3 200 万元。

2.2.5.3 财政金融

2012 年实现国内生产总值 1.4 亿元。2012 年末,境内金融机构各类存款余额 5 500 万元,比上年增长 27.9%;各项贷款余额 4 200 万元,比上年增长 31.3%。有四川省农村信用社营业厅 1 处,四川省农村信用社、中国邮政储蓄银行自助银行各 1 个。

2.2.6 社会发展

1. 文化艺术

2012 年末有镇文化站 1 处,有村级文化活动中心 8 处,各类文化专业户 29 户,各类图书室 8 个,藏书 2 万余册,音乐、舞蹈、绘画、雕刻、摄影及文学等业余创作队伍达 100 余人,有省级文物保护单位 1 处,甲搓舞已列为国家非物质文化遗产名录,摩梭人转山转海节、走婚习俗、成丁礼、达巴文化已列入省级非物质文化遗产名录。摩梭人民歌、舞蹈、绘画、雕刻等民间艺术保持着古老的特色,散发着浓厚的泸沽湖气息。

2. 教 育

现有完全小学 1 所,小学(教学点)4 个,初中 1 所,民办幼儿园 1 所,镇级成人学校 1 所,村级农民文化技术学校 8 所。2015 年在校学生数 2 697 人。2012 年,全镇小学入学率已达 100%,初中入学率达 97.8%;小学辍学率控制在 0%,初中辍学率控制在 0.72%;小学毕业率达 100%,初中毕业率达 100%;15 周岁人口初等教育完成率为 100%;文盲率为 0%;17 周岁人口初级中等教育完成率为 99%;三残儿童、少年入学率达到 100%。完善全镇 5 个村的农家书屋建设,图书库存量达到了 2 万册。

3. 医疗卫生

2012 年末有各级医疗机构 1 个,各类门诊所(卫生室)8 个;有床位

020

38 张，每万人拥有病床 32 张；固定资产总值 540 万元。专业卫生人员 24
名，其中执业医师 3 人、执业助理医师 7 人、护师 2 人、注册护士 8 人。
2012 年完成诊疗 3.7 万人次。8 个村共有 11 529 位村民参加新型农村合作
医疗，参合率 97.8%。免疫规划疫苗合格接种率为 85%，卡介苗接种率 96%，
乙肝疫苗及时接种率 92%。孕产妇住院分娩率 52%，孕产妇、新生儿死亡
率均控制在 0.2% 以内。

4. 体　育

2012 年末共有学校体育场 5 个，村级篮球场 5 个，集镇广场安装了健
身器材，经常参加体育活动的人员占常住人口的 19%。

5. 广播电视

2012 年末有广播电视站 1 个，农村广播电视无线覆盖工程发射站 1 个，
现有有线电视用户 1 170 户，入户率 45.7%，"村村通"直播卫星用户
1 390 户。

6. 社会保障

2012 年城镇最低生活保障人数 336 人，发放最低生活保障金 60.48 万
元；农村最低生活保障人数 2 001 人，发放低保金 120.604 万元；供养农
村五保 49 人；为 37 名"三老"人员发放生活补助 79 920 元；医疗救助
232 人次，支出 28.737 万元；发放各类救灾救济物资及款项 4.8 万元。服
务设施 9 个，其中镇级服务中心 1 个，村级服务站 8 个。

泸沽湖镇现有 4 个贫困村，分别是匹夫村、山南村、直普村、舍垮村，
因历史自然条件差，人口素质相对偏低，村民文化程度不高，科技扶贫难
度大；特色产业多以零星种养为主，尚未形成品牌和经营规模，生产水平
低下，群众生活困难，扶贫底子薄弱，开发任务艰巨。通过再次精准识别，
2016 年全境剩余贫困户 352 户、1 507 人。山南村、直普村、舍垮村已于
2016 年退出贫困村，匹夫村于 2017 年退出贫困村。

7. 环境保护

2012 年空气质量一级天数占全年天数的 99.5%；空气中二氧化硫、二
氧化氮、可吸入颗粒、一氧化碳、氟化物年均浓度及大气颗粒物中铅、苯
芘含量均达到或超过国家一级标准。

生活污水处理率达到 95.6%，生活垃圾无害化处理率达到 98%。泸沽湖镇在海门桥外的麻地湾子谷地建垃圾填埋场，总容量 4 万立方米。垃圾清运范围主要为老镇区、新镇区和旅游接待区，在镇区中采取每日定时集中、清运，在村落中采取定期集中、清运至垃圾填埋场。

泸沽湖镇目前建有 2 座污水处理厂，分别位于母支和落洼，设计日处理规模分别为 2 000 t 和 300 t。目前泸沽湖沿湖排水管网仅为泸沽湖中心镇到母支污水处理厂的污水干管及落洼部分收集管网；母支污水处理站处理泸沽湖镇镇区、旅游接待区的污水；落洼污水处理站处理落洼村的污水。

8. 交通运输

境内有省道 307 线，距成昆铁路西昌站、雅西高速西昌站、西昌青山机场 260 km，距正在建设中的宁蒗县泸沽湖机场 35 km。乡镇交通以镇为中心，有 4 条公路，一条通往县城，一条通往木垮村并连接云南宁蒗县永宁乡，一条通往山南村、直普村、舍垮村，一条通往博树村。8 个行政村全部通路，其中 6 个村通柏油路，村道里程 53 km。

9. 供电及能源

县政府投资专为泸沽湖镇在长柏乡境内修建了一座 750 kW 的水电站，镇内村社基本都可用电。农户使用薪柴仍占有较大比例，主要来源于砍伐高山的松木，到国有林地和集体林地（以栎林为主，当地俗称青杠树）剔树枝等。现有部分宾馆和农家乐使用太阳能热水器。

10. 邮政电信

2012 年末有邮政网点 1 个，乡村通邮率 100%；全年投递国内邮件 1.6 万件，国内邮票业务完成 0.3 万笔，国内异地特快专递信件完成 1 200 件，征订报纸、杂志 1 100 余份。电信企业 3 家，服务网点 4 个；电话交换机总容量 500 门，固定电话用户 320 户，电话用户普及率达到 12.5%；移动电话普及率为 65.4%；互联网用户 150 户。全年电信业务收入 230 万元。

2.2.7 旅游资源与开发

四川省泸沽湖地区具有典型的高原湖泊自然景观、独特的民俗风情人文景观和良好的生态环境，旅游资源十分突出，已被批准为四川省省级风景名胜区。泸沽湖镇域范围全部划入风景区中。全镇的村落和人口都分布在风景区中。境内的泸沽湖属国家重点风景名胜区、国家级 4A 旅游景区、国家水利风景区，风景区因其摩梭人独特的母系氏族文化、阿夏走婚习俗和优美的湖光山色而闻名海内外，被誉为"母系氏族社会的活化石"。主要自然风景区包括"草海"和"亮海"及其附属区域。泸沽湖的自然造型十分优美，呈半月形，被誉为"香格里拉蓝月亮"。主要的名胜古迹有被列为四川省重点文物保护单位的泸沽湖阿陆贡巴经堂、格萨战国至汉初土坑墓群等。

泸沽湖镇现有星级饭店 2 家（其中四星级 1 家、二星级 1 家），床位232 张；其他宾馆、旅社、招待所150 家，床位 5 000 余张。泸沽湖镇 2011年接待游客数量 16.63 万人次；2012 年接待游客 27.162 9 万人次，门票收入 1 781.126 0 万元；2013 年进入景区游客总人数 28.077 8 万人次，门票收入 1 862.656 0 万元，门票收入同比增长 4.57%，实现旅游总收入近 3 亿元；2014 年全年接待中外游客 34.67 万人次，实现旅游收入 3.08 亿元，同比增长 27.58%。2015 年春节期间，泸沽湖景区共接待游客 8.266 4 万人次，同比增长 69%；旅游收入 9 722.75 万元，同比增长 94%，泸沽湖景区门票收入 479.23 万元，同比上升 90%，旅游人数、旅游收入、门票收入再创历史新高，均为历年增幅最大的春节。2015 年 2 月 22 日，泸沽湖景区共接待游客 2.553 9 万人次，创下单日游客接待量历史新高。2015 年全镇共有游客接待户 238 户，旅游接待床位 5 168 床，接待游客 81.06 万人次，实现旅游收入 8.69 亿元。

泸沽湖镇年内客流量分布及月份门票收入情况见表 2-2-7。

表 2-2-7 2013 年度泸沽湖旅游景区管理局收费站客流量统计表

月份	总人数	购票人数				外来票 80 元	返点票 80 元	促销票 80 元	公务	免票	月销售金额/元
		80 元	60 元	40 元	20 元						
1	5 014	3 273		1 153	58		150		49	331	309 120
2	52 417	39 769		10 714	307				48	1579	3 616 220
3	11 052	7 745		2 301	54		184		116	652	712 720
4	16 756	10 712		4 461	158		411		212	802	1 038 560
5	11 052	7 548		2 597	52		242		92	521	708 760
6	16 990	10 694		4 876	235		425		195	565	1 055 260

续表

月份	总人数	购票人数				外来票 80元	返点票 80元	促销票 80元	公务	免票	月销售金额/元
		80元	60元	40元	20元						
7	30 935	21 520		7 555	250		300		332	978	2 028 800
8	59 466	42 543		14 189	353		70		785	1526	3 978 060
9	15 383	11 557		2 545	54		41		392	794	1 027 440
10	46 483	35 378		8 932	260		19		440	1454	3 192 720
11	10 542	6 984		2 595	60		42		59	802	663 720
12	4 688	3 186		1 004	7				19	472	295 180
合计	280 778	200 909		62 922	1 848		1 884		2739	10476	18 626 560

泸沽湖镇近几年的旅游业发展迅速，盐源县城镇体系规划中将泸沽湖镇确定为二级中心镇，其职能为旅游型城镇。盐源县域社会经济发展规划将泸沽湖镇划分为县域的西部经济区，该区的经济发展是强调以旅游业为主的第三产业。随着风景旅游的有序发展、基础设施的完善，跨省旅游必将得到发展，可以预见，在未来几年里，四川泸沽湖地区旅游人数和规模还将进一步扩大。

3

泸沽湖生物多样性调查

3.1 泸沽湖水生生物调查方法及其组成状况

3.1.1 泸沽湖浮游生物调查内容和方法

3.1.1.1 泸沽湖浮游生物调查总体要求

（1）调查内容

浮游植物：种类组成、数量，给出生物多样性指数、空间（水平和垂直）分布差异。

浮游动物：种类组成、数量，给出生物多样性指数、空间（水平和垂直）分布差异。

（2）监测点位

与湖泊水质监测点位协调一致，共布设 11 个点位。1~9 号点分 4 层采样，其中，近岸区域（0.5 m、5 m、9 m、12 m）、靠近湖心区域 5 号点（0.5 m、5.0 m、12 m、30 m）；草海区域分 1 层采样（0.5 m、5 m）。见表3-1-1、图 3-1-1。

（3）调查时段及频次

2014 年、2016 年，每季度一次。

表 3-1-1 浮游植物（动物）监测点位表

序号	范围	名称	经度	维度
1		达组	100.786	27.739 833
2		安娜蛾岛	100.800	27.742 500
3		格撒	100.814	27.733 679
4		近岸深水点	100.801	27.724 228
5	亮海	湖心点	100.784	27.711 919
6		赵家湾	100.803	27.704 444
7		长岛湾	100.805	27.693 888
8		落凹	100.828	27.697 193
9		王家营盘	100.826	27.685 569
10	大草海	草海长桥	100.867	27.714 722
11		草海出口	100.902	27.719 444

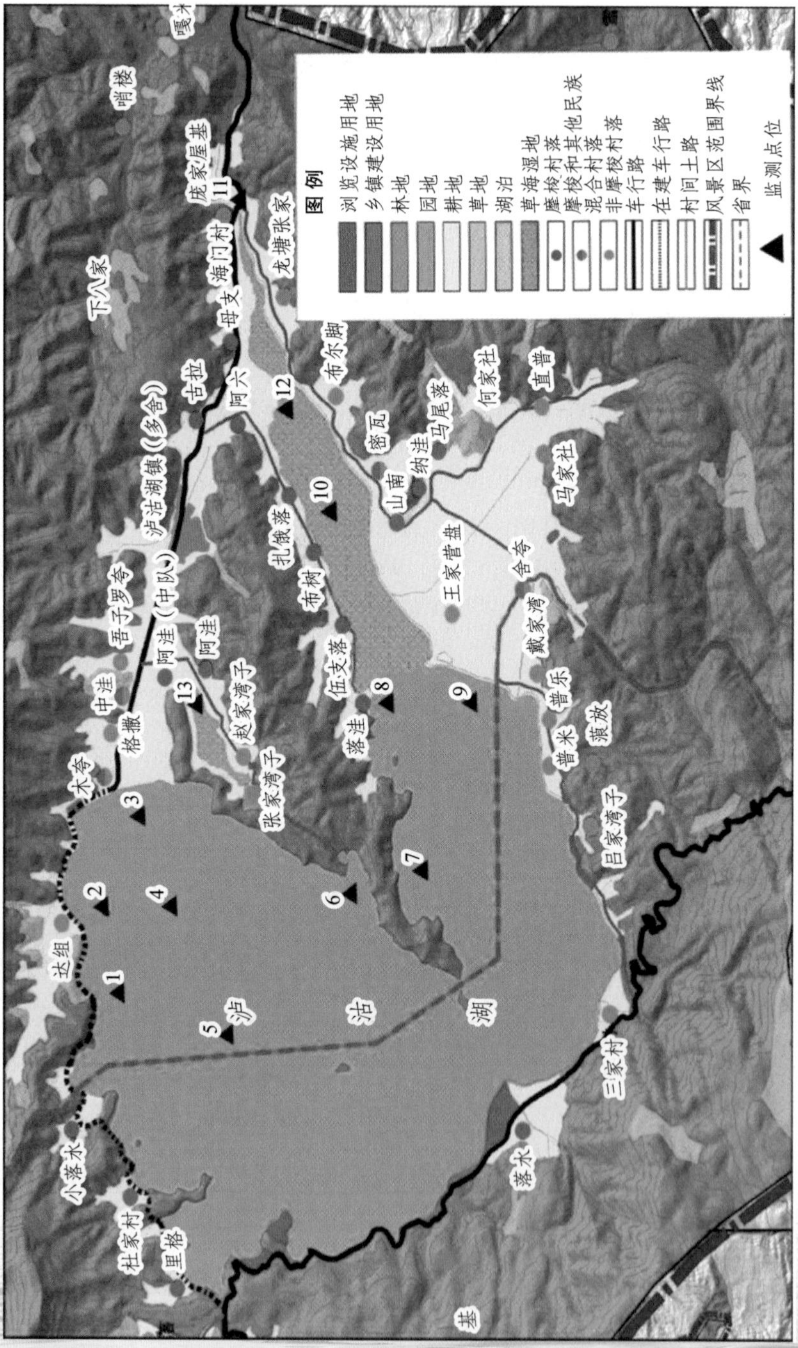

图 3-1-1　生物多样性监测布点图

3.1.1.2 具体方法

1. 水样采集

1）样点布置及采样水层（表 3-1-2）

2014 年 8 月采样 1 次；2015 年 1 月和 8 月各采样 1 次；2016 年 3 月、6 月、9 月和 12 月各采样 1 次。1～9 号样点浮游植物采样水层分别为 0.5 m、5 m、9 m、12 m（湖心点最大采样水深 30 m），10 号和 11 号样点因为水浅，只采集水面下 0.5 m 样品；1～9 号样点浮游动物采样水层分别同浮游植物。10 号和 11 号样点因为水浅，只采集水面下 0.5 m 样品。

历次浮游生物定量采样记录情况见附录 A。

采样时，使用 GPS 准确定位各位点。

表 3-1-2　泸沽湖浮游生物采样点及采样水层

序号	范围	名称	经度	维度	采样水深/m
1	亮海	达组	100.786	27.739 833	0、5、9、12
2		安娜蛾岛	100.800	27.742 500	0、5、9、12
3		格撒	100.814	27.733 679	0、5、9、12
4		近岸深水点	100.801	27.724 228	0、5、9、12
5		湖心点	100.784	27.711 919	0、5、12、30
6		赵家湾	100.803	27.704 444	0、5、9、12
7		长岛湾	100.805	27.693 888	0、5、9、12
8		落凹	100.828	27.697 193	0、5、9、12
9		王家营盘	100.826	27.685 569	0、5、9、12
10	大草海	草海长桥	100.867	27.714 722	0.5
11		草海出口	100.902	27.719 444	0.5

2）采样方法

浮游植物和小型浮游动物（原生动物、轮虫和无节幼体）定量水样：每一个采样点每一采样水层分别采水 1 000 mL，放入 1 000 mL 水样瓶后，立即加入 10～15 ml 鲁哥氏液固定。采样时记录采样点的水体情况，每瓶样品贴上标签，标签上记载采样时间、地点、采水体积、水温、透明度等基本信息。

浮游植物定性水样：在采集好定量水样后，用 25 号浮游植物网在采样点呈"∞"采集水样，作为定性鉴定的水样。

大型浮游动（桡足类和枝角类）定量样品采集：每个采样点每个水层分别采水样 25 L，用 25 号浮游生物网过滤浓缩至约 100 mL，立即加入 4 mL 甲醛溶液固定。

2. 水样浓缩

将上述所采得的浮游植物水样带回实验室，静置沉淀 48 h，用虹吸管小心抽出上面不含藻类的"清液"。将剩下的 30 ~ 50 mL 沉淀物转入 50 mL 的定量瓶中；再用上述虹吸出来的"清液"少许冲洗三次沉淀器，冲洗液转入定量瓶中。每 100 mL 样品另加 6 mL 福尔马林，以利于长期保存。

浮游动物定量样品采用同样的方法进行沉淀、浓缩至 30 ~ 50 mL。

3. 浮游生物各类鉴定与分类计数

1）浮游植物种类鉴定

对采集回的浮游植物定性样品在显微镜下仔细观察，对照《水生生物学》《中国淡水藻类系统、分类及生态》等参考书对藻类进行分类、拍照。

2）浮游植物计数

将浓缩沉淀后浮游植物水样充分摇匀后，立即用 0.1 mL 吸量管吸出 0.1 mL 样品，注入 0.1 mL 计数框，然后在 10×40 倍显微镜下计数，每瓶标本计数两片，取其平均值。由于浮游植物数量太少，故全片计数。

在计数过程中，某些藻类个体一部分在视野中，另一部分在视野外，这时计数在视野上半圈者计数，出现在下半圈者不计数。计数时数量用细胞表示，对不宜用细胞数表示的群体或丝状体，直接数出其细胞数量。

3）浮游动物、轮虫的计数

计数时，将样品充分摇匀，然后用定量吸管吸 0.1 mL 注入 0.1 mL 计数框中，在 10×20 的放大倍数下计数原生动物，在 10×10 放大倍数下计数轮虫。计数两片，取平均值。

4）甲壳动物的计数

将浓缩的浮游动物样品充分摇匀，然后用定量吸管吸 1 mL，注入 1 mL 计数框中，在 10×4 的放大倍数下计数枝角类和桡足类。计数两片，取平均值。

4. 浮游生物数量与生物量的计算

1）浮游植物计算

（1）浮游植物数量计算

1 L 水中浮游植物的数量（N）用下列公式计算：

$$N = \frac{C_s}{F_s \cdot F_n} \times \frac{V}{U} \times P_n$$

式中　C_s——计数框面积，mm^2，一般为 400 mm^2；

　　　F_s——每个视野的面积，mm^2，πr^2，视野半径 r 可用台微尺测出（一定倍数下）；

　　　F_n——计数过的视野数；

　　　V——升水样经沉淀浓缩后的体积，mL；

　　　U——计数框的体积，mL，为 0.1 mL；

　　　P_n——计数出的浮游植物个数。

（2）浮游生物量计算

查阅相关参考文献各种藻类细胞的湿重[1]，再根据所统计的浮游植物的数量进行计算。

2）浮游动物计算

（1）浮游动物数量计算

把计数获得的结果用下列公式换算为单位体积中浮游动物个数：

$$N = V_s / V \times n / V_a$$

式中　N——1 L 水中浮游动物个体数；

　　　V——采样体积；

　　　V_s——沉淀体积，mL；

　　　V_a——计数体积，mL；

　　　n——计数所取得的个体数。

（2）浮游动物生物量计算

浮游动物生物量根据相关文献上同类浮游动物湿重数据进行计算。

---

[1] 实为质量，包括后文的称重、重量等。但现阶段我国农林畜牧等行业的生产和科研实践中一直沿用，为使读者了解、熟悉行业实际，本书予以保留。——编者注

3.1.2　泸沽湖水温和水体透明度变化

在对泸沽湖浮游生物水样采集的同时，也对水体的温度和透明进行了测定，亮海各季节水温和透明度变化见表 3-1-3、表 3-1-4。

表 3-1-3　泸沽湖各季节水温变化　　　　　　　单位：℃

时间	14.08	15.01	15.08	16.03	16.06	16.09	16.12
亮海水温	19～20	7.5～8	19～20	10～11	18～20	19～20	11～13
草海水温	22	4	21	8	20	21	8

从表 3-1-3 可知泸沽湖在 1 月水温最低，为 7.5～8 ℃，6—9 月水温差异不大，在 18～20 ℃，全年水温最大变幅 12 ℃ 左右。

表 3-1-4　泸沽湖各季节各样点透明度变化　　　　单位：m

时间	样点编号									平均
	1	2	3	4	5	6	7	8	9	
2014.08	12.8	11.8	9	11.5	11.5	10.4	10.2	10	10.5	10.85
2015.01	—	11.7	11.3	—	—	—	—	11	12	11.5
2015.08	7	6.5	9	10.4	9	11.2	10	8.4	7	8.72
2016.03	14.8	14.3	12.7	13	14.8	14.3	14.6	13.8	13.5	13.98
2016.06	9.4	9	11	11.2	13.8	12.6	15.5	12.1	12	11.84
2016.09	12	11.3	11.8	12.5	16.5	11	14.1	11.5	12.2	12.54
2016.12	12.5	12	12	13.5	16	15.2	15	12.3	11.5	13.34
平均	11.42	10.94	10.97	12.01	13.93	12.45	12.23	11.3	11.24	11.86

透明度的季节变化：从 2014 年 8 月到 2016 年 12 月泸沽湖全湖透明度为 8.72～13.98 m，平均 11.86 m。其中最大平均透明度 13.98 m，出现在 2016 年 3 月，其次是 2016 年 12 月，为 13.44 m；最小透明度出现在 2015 年 8 月下旬，仅 8.72 m，远低于 2014 年和 2016 年同期的水平，可能是由于当年 8 月下旬一直是阴雨天气，测定透明度当日为阴天，水面有较多浮渣，从而导致透明度很低。各个季节透明度变化来看，泸沽湖夏季透明度相对较低，秋冬季节透明度较高。

透明度的水平变化：5 号点（湖心点）透明度最高，6 次测得的平均透明为 13.93 m，单个季节最大透明度 16.5 m 出现在 2016 年 9 月（湖心点）；其次是 6 号点（赵家湾）12.45 m，4 号点透明度也大于 12 m；其余各点均小于 12 m，最小透明度出现在 2 号点（安娜娥岛）。

透明度是衡量水体营养水平的一个重要指标，此次测得的泸沽湖水体平均透明度达 11.86 m，最大透明度达 16.5 m，高于此前文献记载的 12 m[张雅琼，2014，泸沽湖水资源现状及可持续管理的措施；张俊，2016，泸沽湖湖滨带（云南境内）生态修复技术探讨]。《武汉东湖富营养化评价标准》中规定：贫营养水体透明度应大于 4 m，《美国环保局富营养化评价标准》认为：贫营养性水体透明度应大于 3.7 m，泸沽湖平均透明度远大于这两个标准，因此单从透明度这一指标衡量，泸沽湖水质处于贫营养状态。

草海深 1~2 m，100%透明度，单纯从透明度无法判断草海水质的营养状态。

3.1.3　泸沽湖亮海浮游植物的群落结构特点

泸沽湖亮海浮游植物种类繁多，一共检出浮游植物 178 种，分属 7 门82 属（表 3-1-5，附录 L）。从表 3-1-5 可知泸沽湖浮游植物种类组成以硅藻和绿藻为主，二者共 121 种，占 67.98%；未发现黄藻门藻类。董云仙等在 2010 年的研究发现泸沽湖浮游植物 146 种，种类上以硅藻和绿藻为主，与此次研究结果基本一致，但亦有差异：如董云仙等未发现隐藻类，但此次研究共发现隐藻门 2 属 8 种。

表 3-1-5　泸沽湖（亮海）浮游植物种属组成及比例

项目	蓝藻门	硅藻门	甲藻门	绿藻门	隐藻门	金藻门	裸藻门	合计
属	8	24	4	37	2	3	4	82
种	11	61	15	60	8	5	18	178
种类比例/%	6.18	34.27	8.43	33.71	4.49	2.81	10.11	100.00

3.1.3.1　泸沽湖亮海浮游植物的季节变化

1. 泸沽湖亮海浮游植物密度的季节变化

泸沽湖（亮海）浮游植物密度为 $1.2172 \times 10^4 \sim 16.94 \times 10^4$ ind/L，平均

033

为 5.0468×10^4 ind/L（表 3-1-6）。董云仙等在 2010 年的研究表明，泸沽湖浮游植物数量在 $17.8 \times 10^4 \sim 104.0 \times 10^4$ ind/L，平均为 41.4×10^4 ind/L，与此次调查结果相差达近十倍，具体原因需在以后进一步研究分析。除 2015 年 8 月浮游植物密度特别高（与该月透明度最低相吻合）外，其余各季节比较接近，2016 年浮游植物数量与 2014 年相近。

表 3-1-6　　泸沽湖（亮海）浮游植物密度的季节变化　　　单位：10^4 ind/L

时间	甲藻	绿藻	硅藻	裸藻	隐藻	金藻	蓝藻	合计
2014.08	0.331 4	1.568 5	0.699 6	0.0808	0.043 1	0.727 7	0.074 2	3.525 2
2015.01	0.034	0.486	3.213 5	0.058	0	0.070 5	0.012	3.874
2015.08	0.937 5	1.392 5	9.11	0.15	3.852 5	0.267 5	1.23	16.94
2016.03	0.836 8	0.671 7	2.493 5	0.2485	0.731 4	0.015 3	0.488 9	5.486 0
2016.06	0.335 6	0.265 4	0.437 1	0.0317	0.043 8	0.091 3	0.012 5	1.217 2
2016.09	0.315 6	1.582 5	0.657 2	0.0210	0.075 3	0.030 4	0.014 2	2.696 1
2016.12	0.549	0.199	0.519	0.064	0.228	0.012	0.019	1.589
均值	0.477 1	0.880 8	2.447 1	0.0934	0.710 6	0.173 5	0.264 4	5.046 8

泸沽湖浮游植物数量上以硅藻为主，为 $2.447\ 1 \times 10^4$ ind/L，占 42.14%；其次是绿藻，为 $0.880\ 8 \times 10^4$ ind/L，占 24.36%；甲藻数量也较多；裸藻和蓝藻数量较少（表 3-1-7）。

表 3-1-7　　泸沽湖（亮海）各类浮游植物密度比例的季节变化　　　单位：%

时间	甲藻	绿藻	硅藻	裸藻	隐藻	金藻	蓝藻	合计
2014.08	9.40	44.49	19.85	2.29	1.22	20.64	2.10	100.00
2015.01	0.88	12.55	82.95	1.50	0.00	1.82	0.31	100.00
2015.08	5.53	8.22	53.78	0.89	22.74	1.58	7.26	100.00
2016.03	15.25	12.24	45.45	4.53	13.33	0.28	8.91	100.00
2016.06	27.57	21.80	35.91	2.60	3.60	7.50	1.03	100.00
2016.09	11.71	58.70	24.38	0.78	2.79	1.13	0.53	100.00
2016.12	34.55	12.52	32.66	4.03	14.35	0.76	1.20	100
均值	14.98	24.36	42.14	2.37	8.29	4.82	3.05	100.00

不同季节浮游植物组成差异较大：水温较高的 8 月、9 月绿藻数量增加，而硅藻数量下降；水温较低的 1 月和 3 月，硅藻数量占优势。2015 年 8 月浮游植物数量达 16.94×10^4 ind/L，高于 2014 年和 2016 年同期水平，与透明度变化一致；种类结构明显有别于同期结构：隐藻数量占 22.74%，而绿藻仅占 8.22%；具体原因还有待于进一步研究和分析。

2. 泸沽湖亮海浮游植物生物量的季节变化

泸沽湖（亮海）浮游植物生物量 0.031 02 ~ 0.124 39 mg/L，平均为 0.074 1 mg/L（表 3-1-8）。其中 2015 年 8 月浮游植物量最高，为 0.124 39 mg/L，其次是 2016 年 3 月的 0.124 18 mg/L，其余各季节变化不明显，这说明可能在 2015 年 8 月至 2016 年 3 月间有大量营养物质进入湖泊，引起浮游植物大量繁殖，生物量高于其余时期。

表 3-1-8 泸沽湖（亮海）浮游植物生物量的季节变化 单位：mg/L

时 间	甲藻	绿藻	硅藻	裸藻	隐藻	金藻	蓝藻	合 计
2014.08	0.029 89	0.007 40	0.006 89	0.001 82	0.000 72	0.005 12	0.000 08	0.051 92
2015.01	0.003 59	0.007 35	0.014 31	0.004 58	0.000 00	0.001 17	0.000 04	0.031 02
2015.08	0.052 41	0.000 94	0.043 74	0.000 18	0.018 01	0.004 11	0.005 00	0.124 39
2016.03	0.100 80	0.002 08	0.012 80	0.000 70	0.007 29	0.000 19	0.000 33	0.124 18
2016.06	0.033 03	0.003 68	0.002 10	0.001 55	0.000 46	0.001 28	0.000 06	0.042 17
2016.09	0.031 51	0.032 20	0.002 42	0.001 79	0.001 66	0.000 62	0.000 52	0.070 71
2016.12	0.064 2	0.001 6	0.002 3	0.002 4	0.003 8	0.000 1	0.004 7	0.074 0
均 值	0.045 1	0.007 9	0.012 1	0.001 9	0.004 6	0.001 8	0.001 5	0.074 1

035

泸沽湖浮游植物生物量组成结构与数量结构存在明显差异。如前所述，数量上以硅藻和绿藻占绝对优势，而甲藻平均数量仅占 14.98%（表 3-1-7），但甲藻平均生物量占浮游植物总生物量的 57.44%（表 3-1-9），在 2016 年 12 月甚至高达 86.76%；其次是硅藻和绿藻；蓝藻生物量最低，仅占 1.69%。出现这种数量结构和生物量结构差异的原因是硅藻和绿藻个体均很小，而甲藻如腰带多甲藻、飞燕角藻等个体较大。由于此前未见关于泸沽湖浮游植物生物量的相关报道，难以进行对比。

表 3-1-9　泸沽湖（亮海）各类浮游植物生物量比例的季节变化　单位：%

时间	甲藻	绿藻	硅藻	裸藻	隐藻	金藻	蓝藻	合计
2014.08	57.57	14.25	13.27	3.51	1.39	9.86	0.15	100
2015.01	11.57	23.69	46.13	14.76	0.00	3.77	0.13	100
2015.08	42.13	0.76	35.16	0.14	14.48	3.30	4.02	100
2016.03	81.17	1.67	10.31	0.56	5.87	0.15	0.27	100
2016.06	78.33	8.73	4.98	3.68	1.09	3.04	0.14	100
2016.09	44.56	45.54	3.42	2.53	2.35	0.88	0.74	100
2016.12	86.76	2.16	3.11	3.24	5.14	0.14	6.35	100.00
均值	57.44	13.83	16.63	4.06	4.33	3.02	1.69	100.00

　　根据何志辉对中国湖泊和水库的营养分类的分析，我国高原大型湖泊如纳木错、抚仙湖等属于贫营养型湖泊，浮游植物量低于 1 mg/L，以硅藻、绿藻为主，有时甲藻也较多，泸沽湖（亮海）在浮游植物种类和生物量上均符合这一分类，故认为泸沽湖属贫营养型湖泊。

3.1.3.2　泸沽湖亮海浮游植物的水平分布变化

1. 泸沽湖亮海浮游植物数量的水平变化

　　泸沽湖亮海浮游植物的密度在水平分布上呈现出一定的差异（表 3-1-10）：各位点密度在 2015 年 8 月均较高，在其他季节没有明显的变化规律。就几个季节平均值而言，8 号位点的密度最低，6 号位点最高，其余位点均比较接近。

表 3-1-10　泸沽湖（亮海）浮游植物密度的水平变化　单位：10^4 ind/L

时间	位点编号								
	1	2	3	4	5	6	7	8	9
2014.08	4.74	3.77	3.09	4.37	3.21	4.35	4.03	1.51	2.66
2015.01	—	5.58	0.48	—	—	—	—	4.45	4.41
2015.08	16.27	15.90	27.55	15.60	13.76	22.60	15.34	8.55	16.94
2016.03	6.65	4.33	4.08	6.08	7.22	4.88	5.90	4.91	5.32

时间	位点编号								
	1	2	3	4	5	6	7	8	9
2016.06	1.25	0.86	1.13	1.23	1.04	1.17	1.31	1.15	1.82
2016.09	2.37	2.78	1.67	2.46	3.60	2.89	2.79	2.32	3.39
2016.12	2.35	2.04	1.36	1.92	1.13	1.24	1.32	1.15	1.78
平均	5.61	5.04	5.62	5.28	4.99	6.19	5.12	3.43	5.19

2. 泸沽湖亮海浮游植物生物量的水平变化

泸沽浮游植物生物量的水平变化与数量变化不尽相同（表 3-1-11）：在 2015 年 8 月各位点浮游植物密度均高于其余几个季节，但 1、3、4、5 号位点的生物量在 2016 年 3 月达到最高，在其他季节各样点生物量没有明显的变化规律。平均生物量以 2 号点最高，8 号点最低。

表 3-1-11　泸沽湖（亮海）浮游植物生物量的水平变化　　单位：mg/L

时间	位点编号								
	1	2	3	4	5	6	7	8	9
2014.08	0.059 1	0.048 6	0.037 8	0.070 0	0.071 4	0.050 0	0.055 6	0.034 8	0.040 2
2015.01		0.073 1	0.004 2					0.077 3	0.051 5
2015.08	0.120 4	0.121 8	0.185 2	0.102 2	0.098 4	0.173 5	0.111 2	0.058 2	0.148 7
2016.03	0.135 1	0.128 3	0.096 4	0.160 2	0.190 5	0.107 9	0.119 4	0.098 6	0.081 1
2016.06	0.034 9	0.031 0	0.040 8	0.037 3	0.042 6	0.042 0	0.047 1	0.044 8	0.059 2
2016.09	0.034 7	0.282 7	0.024 8	0.033 5	0.073 3	0.050 8	0.044 7	0.038 7	0.053 2
2016.12	0.101 7	0.107 2	0.067 5	0.069 6	0.061 2	0.060 0	0.060 0	0.050 2	0.088 5
平均	0.081 0	0.113 2	0.065 2	0.078 8	0.089 6	0.080 7	0.073 0	0.057 5	0.074 6

浮游植物数量和生物量在水平分布上的变化不一致，是由不同位点浮游植物种类组成的差异引起的。

3.1.3.3 泸沽湖亮海浮游植物的垂直分布变化

从表3-1-12可知泸沽湖浮游植物数量在不同季节呈现出不同的垂直变化趋势，在0.5~12 m内总体呈现出先升高，后降低的变化趋势，在0.5 m处密度最低，然后随水深增加而增加，9 m处达到峰值（表3-1-12）；浮游植物的生物量在0.5~12 m内亦呈现出先升高后降低的变化，但最大生物量出现在5 m处（表3-1-13）。表层水中浮游生物数量和生物量均低于其余水层的原因：泸沽湖水体清澈，透明度高，表层水光照过强，产生光抑制现象。

表3-1-12 泸沽湖（亮海）浮游植物密度的垂直变化　　单位：10^4 ind/L

水深	时间						平均
	2014.08	2015.08	2016.03	2016.06	2016.9	2016.12	
0.5 m	3.14	12.51	3.91	1.10	2.43	1.66	4.13
5 m	3.56	17.92	5.37	1.19	2.46	1.33	5.31
9 m	3.38	22.65	6.24	1.42	2.78	1.94	6.40
12 m	3.75	17.36	6.08	1.17	2.97	1.54	5.48
30 m	3.49	22.97	9.14	1.01	4.25	0.555	6.90

表3-1-13 泸沽湖（亮海）浮游植物生物量的垂直变化　　单位：mg/L

水深	时间						平均
	2014.08	2015.08	2016.03	2016.06	2016.9	2016.12	
0.5 m	0.044 8	0.091 0	0.084 0	0.032 7	0.034 00	0.058 6	0.057 5
5 m	0.052 2	0.118 0	0.130 4	0.042 9	0.159 9	0.069 5	0.095 5
9 m	0.047 7	0.183 7	0.146 3	0.052 8	0.040 0	0.089 0	0.093 3
12 m	0.059 5	0.134 0	0.125 6	0.040 4	0.042 4	0.084 8	0.081 1
30 m	0.065 2	0.157 5	0.219 5	0.039 4	0.102 4	0.031 5	0.102 6

30 m处浮游植物数量达到6.9×10^4 ind/L，生物量0.102 6 mg/L，均高于其余几个水层，这说明泸沽湖水体透明度高，在30 m水深处浮游植物数量仍相当可观。但由于只在5号点（湖心点）采集了30 m处的水样，代表性不够强，所以30 m及更深水层浮游植物的组成情况还有待进一步进行研究。

3.1.4　泸沽湖草海浮游植物的群落结构特点

泸沽湖草海共检出浮游植物 66 种，分属 7 门 35 属（表 3-1-14，附录 C），种类数远少于亮海（175 种）。亮海浮游植物以硅藻门和绿藻门种类最多，分别是 61 种和 60 种，合计占 67.98%；草海虽仍以绿藻和硅藻占优势，但两者仅有 52 种，占总数的 61.08%，草海蓝藻门和裸藻门所占比例高于亮海。

表 3-1-14　泸沽湖（草海）浮游植物种属组成及比例

项目	蓝藻门	硅藻门	甲藻门	绿藻门	隐藻门	金藻门	裸藻门	合计
属	5	12	3	11	1	1	2	35
种	9	15	3	24	4	2	9	66
种类比例/%	13.64	22.73	4.55	36.36	6.06	3.03	13.64	100

从 2014 年 8 月到 2016 年 12 月，草海浮游植物数量变动相对较大（表 3-1-15），2016 年 12 月最低，仅 2.67×10^4 ind/L；2016 年 6 月最高，为 22.65×10^4 ind/L，二者相差近 8 倍。不同季节浮游生物种类组成差异较大，如 2014 年 8 月和 2015 年 8 月均为夏季，采样时间接近，但藻类数量和结构均相差较大；2014 年 8 月甲藻、硅藻、绿藻和裸藻数量相当；2015 年 1 月以绿藻数量最多；到了 2016 年 6 月则裸藻成了绝对优势种，其余各藻类均很少。这可能是因草海水较浅，理化因子易受外界影响，从而造成不同时间藻类组成差异大。

表 3-1-15　泸沽湖（草海）浮游植物密度的季节变化　单位：10^4 ind/L

时间	甲藻	绿藻	硅藻	裸藻	隐藻	金藻	蓝藻	合计
14.08	1.72	1.52	1.46	1.35	0.24	0.00	0.24	6.53
15.01	0.043	1.784 5	0.193 5	0.795 5	0	0.021 5	0.172	3.01
15.08	0.69	0.195	1.005	1.485	1.035	0.015	0.375	4.8
16.03	0.060	1.800	4.575	1.86	6.57	0.075	0.015	14.96
16.06	0.12	0.075	0.33	20.355	0	0	0	22.65
16.09	0.09	0.75	0.975	0.555	0.12	0.015	0.165	2.67
16.12	0.075	0.39	0.75	0.435	0.885	0.045	0.24	2.82
均值	0.400	0.931	1.327	3.834	1.264	0.025	0.172	8.206

2014 年 8 月、2015 年 1 月和 8 月草海浮游植物数量相差不大，但 2014 年 8 月生物量却是其余两个月的近 10 倍（表 3-1-16），这可能是因为 2014 年 8 月浮游植物中大型甲藻和大型绿藻数量较多（二者生物量占总量的 90.5%），从而导致生物量较高。

表 3-1-16　泸沽湖（草海）浮游植物生物量的季节变化　　单位：mg/L

时间	甲藻	绿藻	硅藻	裸藻	隐藻	金藻	蓝藻	合计
2014.08	0.186 5	0.238 1	0.025 1	0.014 5	0.002 4	0	0.002 4	0.469 0
2015.01	0.002 2	0.026 1	0.005 8	0.031 8	0.000 0	0.000 2	0.000 8	0.066 8
2015.08	0.033 3	0.000 1	0.006 1	0.003 0	0.010 4	0.000 1	0.001 6	0.054 6
2016.03	0.005 85	0.023 63	0.025 68	0.003 72	0.065 70	0.000 525	0.000 004	0.125 11
2016.06	0.011 3	0.001 8	0.001 5	0.507 6	0.000 0	0.000 0	0.000 0	0.522 2
2016.09	0.004 3	0.000 3	0.004 5	0.001 1	0.001 2	0.000 1	0.002 2	0.013 6
2016.12	0.008 0	0.001 3	0.004 6	0.014 7	0.015 0	0.000 3	0.000 1	0.043 9
均值	0.035 9	0.041 6	0.010 5	0.082 3	0.013 5	0.000 2	0.001 0	0.185 0

　　浮游植物数量和生物量在 2016 年 3 月急剧上升，到 2016 年 6 月达到最高，2106 年 9 月又回落至较低水平。2016 年 3 月和 6 月草海的藻类组成差异很大，优势种类明显不同，3 月以硅藻和隐藻为主，6 月裸藻在数量及生物量均占绝对优势，二者分别占总量的 89.9% 和 97.2%。为什么出现这种变化趋势，需在今后增加草海监测位点，结合草海的理化因子变化进行进一步的研究分析。

　　草海浮游植物数量和生物量均高于亮海，裸藻比例升高，成为优势种；而硅藻和甲藻比例下降，这说明草海和亮海浮游植物群落结构差异较大，亮海以贫营养型种类硅藻、甲藻为主，而草海以富营养型种类裸藻为主。

3.1.5　泸沽湖亮海浮游动物的群落结构特点

3.1.5.1　泸沽湖亮海浮游动物种类组成

　　泸沽湖亮海共发现浮游动物 99 种，分属原生动物、轮虫、枝角类和桡足类 49 属 99 种（附录 D）。此外，亮海中桡足类无节幼体较多，但因分类特征不明显，未做种类鉴别。

从表 3-1-17 可知泸沽湖亮海浮游动物中以枝角类种类最多，其次是原生动物，二者分别占总数的 35.25% 和 33.33%，轮虫和桡足类均较少。

表 3-1-17　泸沽湖（亮海）浮游动物种属组成及比例

项目	原生动物	轮虫	枝角类	桡足类	合计
属	18	12	14	4	49
种	33	19	35	12	99
种类比例/%	33.33	19.20	35.25	12.12	100

董云仙等于 2010 年对泸沽湖表层水体的浮游动物进行了季节调查，全年共发现浮游动物 33 科 58 属 80 种，其中轮虫种类最多，占 40.0%；其次是原生动物，占 23.8%，枝角类种类较少，仅 9 属 13 种，占 16.2%。本研究结果与董云仙等的结果相差较大，原因可能有：① 董云仙等只采集了表层（0.5 m）水样，本研究分水层（0.5 m、5 m、9 m、12 m、30 m）采样，在研究中发现表层水中原生动物和轮虫较多，而较深水层中枝角类和桡足类较多；② 采样年度差异；③ 采样的位置差异。

3.1.5.2　泸沽湖亮海浮游动物的季节变化

1. 泸沽湖亮海浮游动物密度的季节变化

泸沽湖（亮海）浮游动物密度较低，密度在 6.92 ~ 18.45 个/L，平均为 12.98 个/L（表 3-1-18），其中原生动物为 0.17 ~ 2.71 个/L；轮虫 0.72 ~ 13.63 个/L；枝角类 0.6 ~ 6.72 个/L；桡足类 0 ~ 1.41 个/L；桡足幼体 0 ~ 5.24 个/L。

表 3-1-18　泸沽湖（亮海）浮游动物密度的季节变化　　单位：个/L

时间	原生动物	轮虫	枝角类	桡足类	桡足无节幼体	合计
2014.08	2.71	7.92	2.04	0	5.24	10.77
2015.08	0.17	0.72	6.72	0	0	16.15
2016.03	1.00	3.44	0.60	1.41	0.47	10.77
2016.06	1.25	13.63	3.06	0.31	0.20	16.15
2016.09	1.67	6.89	2.09	0.10	0.02	10.77
2016.12	0.61	12.39	1.98	0.32	0.85	16.15
均值	1.24	7.50	2.75	0.36	1.13	13.12

亮海以轮虫数量最多，平均为 7.5 个/L，占 57.78%；其次是枝角类 2.75 个/L，占 21.19%；而桡足类数量最少，平均为 0.36 个/L，仅占 2.77%（图 3-1-2）。从表 3-1-18 可知除 2016 年 3 月桡足类密度较高外，其余各季节均很低。董云仙等对泸沽湖表层（水面下 0.5 m）浮游动物的研究发现：原生动物密度年均 660.7 个/L，占 81.5%；轮虫年均 145.4 个/L，占 17.88%；枝角类年均 4.1 个/L，占 0.50%；桡足类年均 2.7 个/L，占 0.33%。本研究结果与董云仙等的结果差异十分大，应对两者的研究方法、采样点分布、泸沽湖理化因子变化等进行系统比较，才能分析造成这种巨大差异的原因。

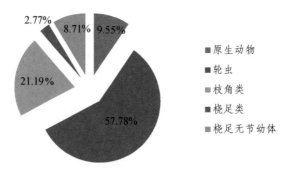

图 3-1-2　泸沽湖（亮海）各类浮游动物数量比例

2. 泸沽湖亮海浮游动物生物量的季节变化

泸沽湖（亮海）浮游动物生物量为 0.3498~0.513 9 mg/L，平均为 0.435 3 mg/L（表 3-1-19）。从表 3-1-19 可知，除原生动物在各季节生物量均最低，2015 年 8 月、2016 年 3 月和 12 月生物量可忽略不计；枝角类除在 2016 年 3 月生物量较低外，其余各季节生物量均是最高，且变化不大；轮虫在不同季节生物量变化较大，最低仅 0.016 9 mg/L，最高达到 0.165 4 mg/L。

表 3-1-19　泸沽湖（亮海）浮游动物生物量的季节变化　单位：mg/L

时间	原生动物	轮虫	枝角类	桡足类	桡足无节幼体	合计
2014.08	0.005 3	0.044 7	0.231 9	0.020 2	0.015 7	0.364 6
2015.08	0.000 0	0.016 9	0.332 8	0.000 0	0.000 0	0.349 8
2016.03	0.000 0	0.047 3	0.099 2	0.311 2	0.001 4	0.451 6

时间	原生动物	轮虫	枝角类	桡足类	桡足无节幼体	合计
2016.06	0.000 1	0.055 8	0.441 7	0.006 8	0.000 6	0.505 0
2016.09	0.001 5	0.110 5	0.323 6	0.000 3	0.000 2	0.427 1
2016.12	0.000 0	0.165 4	0.326 5	0.002 8	0.027 1	0.513 9
均值	0.001 2	0.073 4	0.292 6	0.056 9	0.007 5	0.435 3

总体而言，泸沽湖枝角类生物量最高，平均为 0.292 6 mg/L，占 67.22%；其次是轮虫 0.073 4 mg/L，占 16.86%；原生动物生物量最低，平均为 0.001 2 mg/L，仅占 0.27%（图 3-1-3）。

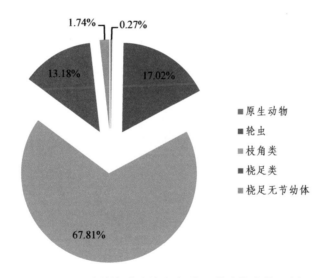

1.74%　0.27%

13.18%　17.02%

■原生动物
■轮虫
■枝角类
■桡足类
■桡足无节幼体

67.81%

图 3-1-3　泸沽湖（亮海）各类浮游动物生物比例

3.1.5.3　泸沽湖亮海浮游动物的水平分布变化

亮海各样点浮游动物密度为 11.06 ~ 16.66 个/L，平均为 13.41 个/L。其中密度最低的 2 号样点（安娜娥岛），最高为 9 号样点 16.66 个/L。其余各样点之间变化不大（表 3-1-20）。

表 3-1-20　泸沽湖（亮海）浮游动物密度的水平变化　　单位：个/L

时间	样点编号								
	1	2	3	4	5	6	7	8	9
2014.08	21.93	16.02	19.86	19.34	22.45	16.84	22.57	15.9	24.33
2015.08	6.75	9.9	7.95	11.85	7.32	8.1	4.05	6.6	4.2
2016.03	6.55	5.64	6.69	5.57	5.26	9.66	11.49	5.72	5.73
2016.06	15.57	11.37	15.4	29.33	24.8	14.54	18.41	19.27	17.14
16.09	8.08	9.22	8.60	9.53	12.19	11.15	7.96	19.20	18.91
2016.12	12.15	14.21	14.71	15.16	16.63	12.43	11.41	18.99	29.66
平均	11.84	11.06	12.20	15.13	14.78	12.12	12.65	14.28	16.66

　　亮海各样点浮游动物生物量为 0.288 5 ~ 0.617 8 mg/L，平均 0.438 2 mg/L。最低为 5 号样点（湖心区）0.288 5 mg/L，最高为 9 号样点 0.617 8 mg/L，其余各样点之间差异相对较小（表 3-1-21）。

表 3-1-21　泸沽湖（亮海）浮游动物生物量的水平变化　　单位：mg/L

时间	样点编号								
	1	2	3	4	5	6	7	8	9
2014.08	0.213 9	0.894 6	0.164 3	0.163 6	0.064 8	0.116 8	0.265 1	0.996 1	0.402 5
2015.08	0.361 0	0.257 1	0.424 7	0.552 8	0.383 6	0.302 6	0.240 9	0.428 9	0.196 4
2016.03	0.449 94	0.451 84	0.341 90	0.454 90	0.347 93	0.671 20	0.691 05	0.215 94	0.439 66
2016.06	0.409 4	0.189 5	0.346 3	0.382 5	0.518 3	0.505 5	0.922 4	0.587 1	0.684 4
2016.09	0.246 9	0.493 3	0.312 9	0.563 4	0.269 1	0.221 9	0.324 9	0.682 9	0.728 3
2016.12	0.625 6	0.463 0	0.527 2	0.288 9	0.147 2	0.469 0	0.516 5	0.487 2	1.255 3
平均	0.384 5	0.458 2	0.352 9	0.401 0	0.288 5	0.381 2	0.493 5	0.566 4	0.617 8

　　从图 3-1-4 可知浮游动物数量和生物量变化趋势不一致，如 5 号样点浮游动物数量较多，但生物量却是 9 个样点中最低的；2 号样点数量最少，生物量却高居第四。这种数量和生物量变化上的不一致，主要是因为不同种类浮游动物个体相差很大，2 号样点枝角类等大型浮游动物数量较多，从而生物量较高；而 5 号点则相反。总体来说，枝角类、桡足类数量较多，则生物量较高。

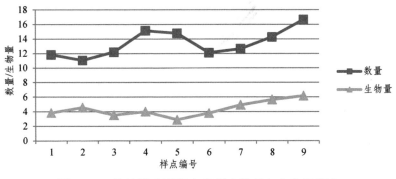

图 3-1-4　泸沽湖（亮海）各样点数量与生物量变化

3.1.5.4　泸沽湖亮海浮游动物的垂直分布变化

亮海浮游动物垂直分布变化明显：在 0～12 m 水深范围内，浮游动物的数量和生物量均随水深增加而增加，到 12 m 处达到最大，至 30 m 处，数量和生物量均有所下降，数量约为 12 m 处的 75.5%，生物量约为 12 m 处的 58.12%（表 3-1-22、表 3-1-23）。浮游动物这一垂直分布规律与浮游植物相似，但浮游植物最大数量和生物量分别出现在 5 m 和 9 m 处。

表 3-1-22　泸沽湖（亮海）浮游动物数量的垂直分布变化　　单位：个/L

水深	时间						平均
	2014.08	2015.08	2016.03	2016.06	2016.09	2016.12	
0.5 m	19.22	2.47	3.89	9.86	7.26	12.92	9.27
5 m	30.75	4.47	6.92	19.58	10.23	16.04	14.67
9 m	—	11.47	8.11	24.21	15.15	15.89	14.97
12 m	—	12.45	9.53	19.99	14.83	19.81	15.32
30 m	—	8.40	2.68	20.52	6.96	19.24	11.56

表 3-1-23　泸沽湖（亮海）浮游动物生物量的垂直分布变化　　单位：mg/L

水深	时间						平均
	2014.08	2015.08	2016.03	2016.06	2016.09	2016.12	
0.5 m	0.291 0	0.131 7	0.098 3	0.173 7	0.120 2	0.207 3	0.170 4
5 m	0.438 3	0.195 5	0.271 0	0.465 2	0.385 8	0.468 5	0.370 7
9 m	—	0.553 1	0.637 3	0.580 8	0.573 1	0.630 0	0.594 9
12 m	—	0.496 4	0.852 4	0.822 6	0.678 5	0.893 3	0.748 6
30 m	—	0.697 2	0.379 12	0.643 78	0.234	0.221 6	0.435 1

在对不同水深处浮游动物类别进行统计时发现表层水（0.5 m）中多以原生动物或轮虫为主，枝角类和桡足类很少，随水深增加，枝角类和桡足类数量增加。

3.1.6　泸沽湖草海浮游动物的群落结构特点

泸沽湖草海共检出浮游动物 34 种，分属原生动物、轮虫、枝角类、桡足类 18 属（表 3-1-24，附录 E）。草海浮游动物种类明显较少，轮虫种类最多，其次是原生动物，枝角类种类最少。

表 3-1-24　泸沽湖（草海）浮游动物种属组成及比例

项目	原生动物	轮虫	枝角类	桡足类	合计
属	7	7	2	2	18
种	9	11	6	8	34
种类比例/%	26.47	32.35	17.65	23.53	100

草海不同季节浮游动物数量在 8.48～305.6 个/L 变化，除 2014 年 8 月和 2015 年 8 月密度较高外，其余季节均保持在较低水平（8.48～18.4 个/L）。原生动物为 0～80 个/L，轮虫为 0～80 个/L，枝角类 0～0.9 个/L，桡足类 0～2.84 个/L，桡足无节幼体为 0～184 个/L。草海原生动物、轮虫和桡足无节幼体在不同季节数量波动大，枝角类和桡足类数量在各季节均很少（表 3-1-25）。

表 3-1-25　泸沽湖（草海）浮游动物密度的季节变化　　单位：个/L

时间	原生动物	轮虫	枝角类	桡足类	桡足无节幼体	合计
2014.08	80	40	0	1.6	184	305.6
2015.01	10.8	0	0.9	0	0	11.7
2015.08	80	43	0.36	2.84	7.08	133.28
2016.03	0	8	0.68	2.32	7.4	18.4
2016.06	2	6	0.32	0.08	0.08	8.48
2016.09	6	6	0.04	0.32	0.04	12.4
2016.12	2	12	0.24	0.48	0.12	14.84
均　值	25.83	16.43	0.36	1.09	28.39	72.10

草海浮游动物密度总体上高于亮海，种类组成差异大：亮海以轮虫数量最多，占 57.78%，其次是枝角类，桡足类数量最少，季节变化相对较小；草海浮游动物原生动物、桡足无节幼体和轮虫数量均较多，随季节变化较大，这可能是因为草海水较浅，水温和各种理化因变化相对剧烈，从而造成不同季节、不同时间浮游动物种类组成差异大。

草海不同季节浮游动物生物量为 0.018 8 ~ 1.779 2 mg/L（表 3-1-26）：原生动物为 0 ~ 0.041 8 mg/L；轮虫为 0 ~ 0.243 1 mg/L；枝角类 0 ~ 0.18 mg/L；桡足类 0 ~ 1.557 2 mg/L；桡足无节幼体为 0 ~ 0.552 mg/L。

表 3-1-26　泸沽湖（草海）浮游动物生物量的季节变化　单位：mg/L

时间	原生动物	轮虫	枝角类	桡足类	桡足无节幼体	合计
2014.08	0.035 8	0.069 6	0	0.048	0.552	0.753 1
2015.01	0.000 52	0	0.18	0	0	0.180 5
2015.08	0.041 8	0.243 1	0.018	0.358	0.021 24	0.682 2
2016.03	0	0.109 0	0.106 0	1.557 2	0.007 0	1.779 2
2016.06	0.000 04	0.001 44	0.056	0.001 4	0.000 24	0.059 2
2016.09	0.000 056	0.003 44	0.008	0.007 2	0.000 12	0.018 8
2016.12	0.000 04	0.172 4	0.034	0.000 12	0.002 48	0.209 0
均值	0.011 2	0.085 6	0.057 4	0.281 7	0.083 3	0.526 0

亮海在各季节均以枝角类生物量最高，枝角类优势地位明显；草海优势种类因季节变化而发生较大变化：2014 年 8 月、2015 年 1 月、2015 年 8 月和 2016 年 3 月、2016 年 12 月生物量占优势的种类分别为桡足无节幼体、枝角类、桡足类和轮虫，2016 年 6 月和 2016 年 9 月无明显优势种类（泸沽湖部分浮游植物图片及泸沽湖浮游植物名录见附录 L、B 和 C，泸沽湖浮游动物名录见附录 D、E）。

3.2　泸沽湖水生维管束植物调查

3.2.1　草海水生维管束植物种类组成

本次调查，泸沽湖草海共有水生维管束植物 36 种，隶属于 23 科 28

属（附录 F）。其中含双子叶植物 14 科 14 属 17 种，单子叶植物 9 科 14 属 19 种。单子叶植物占优势，以禾本科、莎草科、眼子菜科为主。泸沽湖水生维管束植物中单属科在数量上占较大优势，含 2 属以上的科仅禾本科、水鳖科、眼子菜科，占总科数的 13.04%。

根据《中国植被》生活型系统，水生植物可分为挺水植物、浮叶植物、漂浮植物、沉水植物 4 种生活型。据调查，泸沽湖草海 4 种生活型水生维管束植物均有分布，其中挺水植物种类数量最多，共计 16 科 19 属 24 种，占总种数的 66.7%；其次为沉水植物，有 6 科 7 属 9 种，占总种数 25.0%；浮叶植物与漂浮植物种类较少，浮叶植物有 2 种，漂浮植物仅 1 种。

另外，调查样线中还发现杨树、柳树、空心莲子草、酸模叶蓼、马先蒿、白车轴草、鬼针草、报春花、稗等 10 多种湿生植物，其主要分布在公路两带的浅水区、沼泽区、陆地化区域。

3.2.2　草海水生维管束植物分布状况分析

据资料记载，大草海面积约 7 km²，但随着湖泊的沼泽化与陆地化，草海面积不断减小。大草海根据植被类型可分为两种类型，即湖面与草甸。湖面约占整个草海面积的 22%，水深 1.25 ~ 1.55 m，透明度 0.4 ~ 0.5 m，亮海交界带透明度为 100%，植被以浮水植物（浮叶植物和漂浮植物）、沉水植物为主。草甸约占草海面积的 78%，水深因陆地化程度、草甸厚度、离亮海远近有所差异，有些区域草甸上几乎无水，有柳叶菜、千屈菜等湿生植物生长；有的区域草甸水深约 1 m，草甸被水草覆盖后，水下几乎不见光线，因此，除水道、湖面边缘带有浮叶植物、沉水植物分布外，挺水植物下层几乎不见其他生活型植物。

湖区以浮叶植物浮叶眼子菜，漂浮植物浮萍，沉水植物金鱼藻与黄花狸藻为主。浮叶眼子菜几乎分布在整个湖区，只有野菱覆盖度 90% 以上的区域无浮叶眼子菜分布外，其他区域均分布，其分布面积约 1.54 km²；浮萍分布受多种因素影响，夏季分布范围最广，除草海上游及中部人为干扰少的区域无分布外，其他区域均有分布，分布面积约占整个湖面的 60%，约 0.9 km²；黄花狸藻与金鱼藻为湖面的主要沉水植物，在大多数区域此两种物种常伴生，黄花狸藻分布面积约占草海面积的 74%，约 1.14 km²；金鱼藻分布面积约占草海面积的 65%，约 1 km²。

草甸以黑三棱、水葱、菰、芦苇、香蒲、蔗草、李氏禾等挺水植物为主。黑三棱主要分布在亮海与草海交界带，舍垮至山南，分布面积约占整个湖区的21%，约1.47 km^2；水葱主要沿草海纵向中心带分布，分布面积约占整个湖区的19%，约1.33 km^2；菰主要分布在湖岸带、亮海与草海交界带，其在整个草海均有分布，分布面积约占整个湖区的11%，约0.77 km^2；芦苇主要分布在水葱两侧，但也在挺水植物其他群落中零星分布，分布面积约占整个湖区的10%，约0.7 km^2；水葱、芦苇、黑三棱均为草海上游分布较多，下游分布较少。香蒲群落主要分布在走婚桥到山南，有时与其他物种伴生，分布面积约占整个湖区面积的9%，约0.63 km^2；李氏禾虽然分布面积不大，约占整个湖区的3%，约0.21 km^2，但其多分布在湖面宽广区域，似草甸开拓者；千屈菜多与芦苇、水葱共生，多分布于水道两边，其分布面积约占整个湖区的6%，约0.42 km^2；蔗草、香蒲、柳叶菜等其他挺水植物与湿生植物分布以单优群落分布较少，多与水葱、黑三棱、芦苇、菰伴生，其分布面积约占整个草甸的15%，约0.68 km^2。

3.2.3　草海水生维管束植物地理成分分析

根据吴征镒对中国种子植物属分布类型的划分，泸沽湖草海水生维管束植物共有8种分布类型。其中世界分布型成分最多，有12属16种，占总种数的44.4%。常见的有眼子菜属、蔗草属、紫萍属、芦苇属、金鱼藻属、香蒲属。泛热带、热带亚洲至热带非洲、旧世界热带三个热带分布区类型共有7属7种，占总种数的19.4%。北温带、北温带和南温带（全温带）间断、旧世界温带3个分布区类型共有7属10种，占总种数的27.8%。东亚和北美洲间断有2属2种，占总种数的5.6%。中国特有1种。结果表明，泸沽湖草海水生维管束植物主要以世界广布种、热带分布种和温带分布种为主。

3.2.4　草海水生维管束植物群落类型

泸沽湖草海水生维管束植物群落类型比较齐全，调查样方中，挺水植物、沉水植物、浮叶植物、漂浮植物均有物种以优势种存在。调查结果表明优势种为挺水植物的样方占59%，浮叶植物为31%，沉水植物为6%，漂浮植物为4%。挺水植物优势种有黑三棱、菰、芦苇、水葱、李氏禾，浮叶植物优势种为浮叶眼子菜，沉水植物优势种有角果藻、黄花狸藻、金鱼藻，漂浮植物优势种为浮萍。

3.2.4.1　挺水植物群落类型

挺水植物的根、根茎生长在水的底泥草甸中，茎叶挺出水面。在空气中的部分具有陆生植物的特征，生在水下的部分（根或地下茎）具有水生植物的特征。

草海以挺水植物群落占优势，主要以黑三棱群落、菰群落、芦苇群落、水葱群落为主，其中菰群落主要分布在湖岸两边，黑三棱群落、菰群落、芦苇群落以及香蒲群落、蔍草群落几个群落镶嵌分布。夏季草海一片绿色，但有芦苇、湿生植物分布区域呈紫色，草海内时有菊科、伞形科等湿生植物开黄花、白花，非常美丽。

1. 黑山棱群落

黑山棱群落在泸沽湖大草海分布较为广泛，为草海挺水植物中分布较为广泛的群落之一，主要分布在亮海到山南区域带，且盖度高，群落中心区域盖度可达 100%，群落边缘稍稀疏，但其盖度也能达到 90%。黑山棱茎粗壮，叶下部呈三棱形，白色，分布水深约 1.3 m，株高约 2.40 m。黑山棱多以单种形成优势种，特别在湖面与草甸交接区域分布占绝对优势，如亮海、草海交界带，调查样方 12 个，其中有 11 个挺水植物为优势种，黑山棱就有 8 个，占挺水植物的 72.73%。在草甸中，群落边缘处还伴生有水葱、蔍草。8 月，黑山棱物候已为果后期，但营养叶仍生长旺盛(图 3-2-1)。

图 3-2-1　黑山棱群落

2. 菰群落

菰为泸沽湖大草海的又一大挺水群落，主要分布在湖岸两带，当地人割之喂牲畜，外形又似野稻。据村民介绍，此群落为泸沽湖景区管理局实行退耕还湖人为播种的物种。其景色夏季翠绿，非常吸引人。分布水深适应较强，浅水区与深水区均可分布，株高随水深变化而有所变化。夏季因人为收割影响，其株高与盖度差异较大，在未收割区域，株高为 1.1 ~ 1.8 m，盖度为 80% ~ 100%。

3. 芦苇群落

芦苇群落虽在调查样方中出现较少，但其在草海水生植被中占有重要地位，分布多而广，大多分布在菰群落与水葱群落之间，水葱群落中也有零星分布。可能由于其多分布于草海中心，距游道有一定距离，因此调查数据偏低。芦苇群落在陆地化较严重区域，常有湿生植物如柳叶菜、千屈菜、中华水芹等伴生。夏季末时，芦苇已在开花后期，花序略带紫色，再加上其他伴生种色泽艳丽，景色非常美丽动人。芦苇群落大多具有一定面积，也会零星分布于草海中。芦苇茎粗随个体密度而不同，密度高区域茎粗细，密度低区域茎较粗。群落盖度多在 90% 以上，分布水深达 1.72 m，株高多在 2.3 m 以上，植物高出水面 0.5 ~ 1 m，生活力极强（图 3-2-2）。

图 3-2-2　芦苇群落

4. 水葱群落

　　水葱群落同芦苇群落，虽在调查样方中出现少，但其在草海水生植被中占有重要地位，分布多而广，多分布在草海中心区域。水葱高大通直，呈现景色的为花葶，花葶像灯芯草，叶稀疏而不明显。调查时水葱正值开花期，群落盖度为 80%～95%，多分布于水深 1.5 m，高度多在 2.4 m 左右，为挺水植物中株高最高物种。景色深绿，与黑山棱、菰、芦苇景观效果完全不同。据当地渔民介绍，水葱群落为大草海分布面积最广的群落，约占整个挺水植物群落的一半（图 3-2-3）。

图 3-2-3　水葱群落

5. 李氏禾群落

李氏禾群落分布面积较少，多分布于湖面与草甸相邻区域。在挺水植物缺乏的浅水区或泥土较厚区域，李氏禾常露出水面，呈地毯状遮蔽水表。盖度相对于芦苇群落和水葱群落较小，60%～80%，平均株高为 0.5 m，平均茎粗 1 mm，8月正处于开花期。据当地渔民介绍，李氏禾也是当地居民收割的禾草之一（图 3-2-4）。

图 3-2-4　李氏禾群落

泸沽湖草海挺水植物层除上述五种群落外，还有香蒲、蘑草、中华水芹分布，但它们在整个草海中分布面积很小，如香蒲多为零星分布，除蘑草外，很少能独立成为单优大面积群落。

3.2.4.2　浮叶植物群落类型

浮叶植物是泸沽湖草海水生维管束植物的又一重要类型，除草甸外，湖面均被浮叶植物铺盖。草海浮叶植物主要以浮叶眼子菜为主，一些污染较为严重区域有野菱分布，如在博树码头，浮叶眼子菜群落中零星有野菱分布，在走婚桥上游约 400 m，有大量野菱分布，成为单优势群落，但其分布范围不大。它们的特点为叶浮于水面，根长在水底。但在调查样方中，仅有浮叶眼子菜成为群落优势种。

1. 浮叶眼子菜群落

浮叶眼子菜群落分布广，除被挺水植物或湿生植物占据的草甸外，湖面均为浮叶眼子菜群落，在草海中几乎是随处可见，为泸沽湖第一大植物群落。从洛洼码头到走婚桥，其分布面积少于挺水植物，但从走婚桥到海门桥，其分布面积远远大于挺水植物。浮叶眼子菜群落中伴生有野菱浮叶植物，浮萍漂浮植物，黄花狸藻、金鱼藻、穗花狐尾藻等沉水植物。浮叶眼子菜群落盖度大多在 40%～90%，如沉水植物与浮萍分布较多区域，其盖度较低。浮叶眼子菜株高随水的深度而变化，略比水深高（图 3-2-5）。

图 3-2-5　浮叶眼子菜群落

3.2.4.3　沉水植物群落类型

沉水植物也是泸沽湖草海维管束植物的重要组成部分，在草海湖面无挺水植物分布的区域沉水植物分布较多，以金鱼藻、黄花狸藻为主。另外，眼子菜科扁茎眼子菜、光叶眼子菜、穿叶眼子菜、角果藻，水鳖科波叶海菜花、黑藻，小二仙草科穗状狐尾藻等沉水植物主要分布在水质较好的区域，如亮海与草海交界带有上述植物出现，扁茎眼子菜在湖心及扎俄洛码头有分布。

亮海与草海交界带，此区域大部分地方水深 1.2～1.3 m，水质好，透明度高，达 100%，湖底沙质或沙泥质，水下沉水植物生长旺盛，种类较丰富。这区域靠近草海以黑三棱、菰、水葱群落为主，靠近亮海主要以波叶海菜花、光叶眼子菜、角果藻为主，其次还分布有穿叶眼子菜、扁茎眼子菜、黑藻、穗状狐尾藻等。沉水植物以波叶海菜花分布范围最广，盖度较大，为 30%~100%。角果藻分布面积次之，在一些区域角果藻盖度达100%，形成水下森林。角果藻空间分布与波叶海菜花、光叶眼子菜、穗状狐尾藻等不同，其常生长于上述植物的下层。光叶眼子菜分布面积比前两种沉水植物少，但有些区域其生长茂密，盖度达 90%，有些区域其分布少，盖度 10%。8 月，波叶海菜花、光叶眼子菜、穗状狐尾藻处于花期，其花葶露出水面，茎叶沉没于水中，其他植物处于生长期。波叶海菜花洁白而大，花期长，如此特性在水生植物中很少见，它不仅具有很高的观赏价值，而且还具有一定的药用价值，同时也是当地人民的一种特色食品，因此当地居民和游客人为采摘力度大。

1. 黄花狸藻群落

黄花狸藻群落为草海分布最广的一种沉水植物，它常与金鱼藻伴生。黄花狸藻与金鱼藻分布与人为干扰密切相关，在人为干扰少的区域，沉水植物以黄花狸藻占优势，在人为干扰大区域，金鱼藻占优势。如码头附近、走婚桥附近，浮叶眼子菜群落下层沉水植物以金鱼藻为主。因此草海中黄花狸藻盖度变化较大，为 0~70%，株高约 0.9 m。6—8 月为黄花狸藻开花期，花金黄色，除花序挺出水面外，植株全体沉于水中，叶多数互生，假根通常不存在（图 3-2-6）。

图 3-2-6　黄花狸藻群落

2. 金鱼藻群落

金鱼藻群落为草海又一分布较为广泛的沉水植物。金鱼藻群落其盖度与浮叶眼子菜、浮萍、黄花狸藻分布密切相关，浮水植物盖度小，金鱼藻盖度大，黄花狸藻盖度大，金鱼藻盖度小。因此其盖度变化较大，为 0 ~ 90%，群落内金鱼藻长约 1.35 m，但长的可达 1.93 m，茎粗 0.5 ~ 1 mm。有些区域金鱼藻生长茂密，群落盖度大，密度高，生物量高，以致划船阻力特别大（图 3-2-7）。

图 3-2-7　金鱼藻群落

3.2.4.4　漂浮植物群落类型

1. 浮萍群落

泸沽湖草海漂浮植物仅发现浮萍一种，其常与浮叶眼子菜出现。浮萍群落分布受降雨、水位、风向等因素影响，夏季降雨多，水位上升，浮萍分布广，在草海下游及湖湾区、码头附近均有分布。从博树码头到海门桥浮萍盖度越来越高，其盖度为 5% ~ 100%（图 3-2-8）。

056

图 3-2-8 浮萍群落

3.2.5 泸沽湖波叶海菜花调查

3.2.5.1 波叶海菜花调查

参照大型水生植被做样方调查，同时结合问卷调查。

1. 调查内容与方法

1）调查区域

根据项目要求，调查区域为泸沽湖湖区四川境内波叶海菜花的调查，包括亮海四川境内海岸线约 25 km 及亮海与草海交界区域。

2）调查内容

主要调查波叶海菜花的时空分布情况，并在现有条件下抽样调查波叶海菜花的形态学特征及生物量。

3）调查方法

本次调查采用路线法与样方法相结合。首先利用电瓶车与船等交通工具对泸沽湖四川境内波叶海菜花的时空分布进行全面路线法调查，然后根据波叶海菜花的分布情况再进行抽样调查。抽样调查中主要调查波叶海菜花盖度、带宽、生物量。

4）调查时间

2015 年 8 月。

5）调查中存在的主要问题

2015 年 8 月对波叶海菜花进行调查，调查中路线法基本全面完成，即基本了解了波叶海菜花种群沿岸的分布情况与分布规律。但受调查时间、调查工具、调查人员、交通工具、天气等原因的限制，抽样调查并不理想，波叶海菜花群落垂直湖岸线的分布规律及单株生物量、种群密度仅为参考数据（波叶海菜花及其开发利用情况见附录 M，波叶海菜花时空分布实况见附录 N）。

3.2.5.2　波叶海菜花空间分布分析

调查结果表明，波叶海菜花分布可能受水深、底质、水体富营养化水平、水流速度、透明度、人为干扰、水生植物分布等因素影响。四川境内波叶海菜花在亮海与草海交界区域分布最多，特别是在水体富营养化高、底质淤泥厚的靠草海区域，盖度 100%，密度高达 600 ~ 700 株/m^2。亮海与草海交界区域，其分布带宽 270 ~ 450 m，挺水植物盖度高于 50%区域基本无波叶海菜花分布，但此带波叶海菜花分布也有不同。靠草海带宽约 100 m，波叶海菜花盖度较高，大部分区域盖度 100%，少部分区域因角果藻、光叶眼子菜等沉水植物与浮叶植物浮叶眼子菜盖度大，其盖度较低；离草海 100 ~ 200 m 区域，基本无波叶海菜花分布；离草海 200 ~ 300 m 区域波叶海菜花与光叶眼子菜共生，盖度 20% ~ 90%，波叶海菜花盖度实况见图 3-2-9。

（a）波叶海菜花盖度 100%

（b）波叶海菜花盖度 20%

图 3-2-9 波叶海菜花盖度示意

亮海波叶海菜花在陡峭悬崖地段，其分布带宽窄，湖湾平坦区，其分布带宽较宽，特别是在营养化水平较高（水体透明度 100%）且人为采摘少的区域，其分布带宽较宽，且盖度较高。波叶海菜花基本遍布整个亮海沿湖岸线，且在湖中小岛也有其分布，且分布盖度、株高及带宽受水深、湖岸平缓、水体营养化水平等因素影响。湖岸平缓，水体营养化较高，其分布较多。据当地人介绍，水深小于 5 m 均有波叶海菜花分布。调查还发现，亮海波叶海菜花分布还受浮叶植物菱、漂浮植物水葫芦、挺水植物等水生植物影响，当其他水生植物盖度较高时，波叶海菜花分布减少，当此类水生植物盖度高于 80% 时，基本无波叶海菜花分布。

3.2.5.3 波叶海菜花生物量估算

波叶海菜花在亮海与草海交界区域分布面积约 56 km²，此区域分布盖度（草本植物盖度以 1 m² 测定）0～100%，受伴生种植物分布、光照、水深、底质、水体富营养化等因素影响；波叶海菜花沿亮海湖岸线分布约 25 m²，此区域分布盖度 0～100%，受水深、湖岸陡缓、底质、水体富营养化水平、水流速度、透明度、人为干扰、水生植物分布等因素影响。株高

为 0.2 ~ 6 m, 受水深影响较大, 在浅水区植株矮化, 深水区植株叶片较长, 且花葶挺出水面而开花, 花葶长达 6 m; 单株湿生物量 10 ~ 140 g, 受株高、叶片数、密度、植株分株、底质等因素影响; 单位面积密度 0 ~ 600 株, 受盖度、植株分株、底质、水体营养化水平、人为干扰等因素影响。四川境内波叶海菜花夏季全株湿生物量预计约 1.87 万吨。

3.3 泸沽湖底栖动物调查方法和组成状况

3.3.1 泸沽湖底栖动物调查内容和方法

1. 泸沽湖底栖动物调查总体要求

种类组成、数量、优势种、密度, 给出生物多样性指数、空间分布特征。

2. 泸沽湖底栖动物调查具体方法

采样断面附近代表性的河滩选取 1 m² 作为样方, 将样方内的石块捡出, 用镊子夹取附着在石块上的底栖动物, 若底质为砂或泥, 则需用铁铲铲出泥沙, 用 20 目铜筛网筛取出各类泥沙中的底栖动物, 置于标本瓶中, 用 5% 甲醛溶液固定样品, 然后带回实验室置于解剖镜或显微镜下进行种类鉴定和分类计数, 并在电子天平上称取湿重, 作为生物量, 单位 g/m²。生物量测定采用称重法, 称重前, 先把样品放在吸水纸上, 轻轻翻滚, 以吸去体外附着水分, 然后称其重量。大型种类应吸至吸水纸上没有潮斑为止, 小型种类在滤纸上放约 1 min 即可。

3.3.2 泸沽湖底栖动物组成状况

泸沽湖底栖动物共 27 种, 其中, 原生动物 24 种、贝类 3 种。泸沽湖底栖动物组成见表 3-3-1。

表 3-3-1 泸沽湖底栖动物组成统计表

肉足虫纲	纤毛虫纲
1. 普通表壳虫 *Arcella unlgaris*	14. 袋形虫 *Bursella gargamellae*
2. 尖顶砂壳虫 *Difflugia acuminata*	15. 膜袋虫 *Cyclidium sp.*
3. 长圆砂壳虫 *D.oblonga*	16. 尾泡焰毛虫 *Askenasia faurei*
4. 叉口砂壳虫 *D.gramen*	17. 团焰毛虫 *A.volvox*
5. 偏孔沙壳虫 *D.constricta*	19. 小旋口虫 *Spirostomum minus*
6. 冠冕沙壳虫 *D.corona*	20. 似钟虫 *Vorticella similis*
7. 扇形马氏虫 *Mayorella penardi*	21. 斜管虫 *Childonella sp.*
8. 球核甲变形虫 *Thecamoebu sphaeronucleolus*	22. 爽壳虫 Climacostomum sp.
9. 旋匣壳虫 *Centropyxis aerophila*	23. 小筒壳虫 *Tintinnidium*
10. 刺胞虫 *Acanthocystis sp.*	24. 恩茨筒壳虫 *T. entzii*
11. 鳞壳虫 *Euglypha sp.*	贝类
12. 卡变虫 *Cashia limacoides*	25. 背角无齿蚌 *Anodonta woodianawoodiana*
13. 泡抱球虫 *Globigerina bulloides*	26. 黄蚬 *Corbicula aerua* Heude
	27. 梨形环棱螺 *Bellamya purificata*（Heude）
	28. 水蚯蚓

3.4 泸沽湖鱼类调查方法和组成状况

3.4.1 泸沽湖鱼类调查内容和方法

3.4.1.1 泸沽湖鱼类调查总体要求

（1）调查内容

调查泸沽湖鱼类种类组成、数量、分布。

（2）调查方式

以资料收集为主，辅以实地调查。走访当地水产渔政部门、当地鱼市

场调查、当地渔民和沿岸渔民，并收集相关资料。

（3）调查时段及频次

2014 年、2016 年，每年 2 次，分别为春季和秋季。

3.4.1.2　泸沽湖鱼类调查具体方法

泸沽湖鱼类调查研究主要基于 3 个时间段的调查：2014 年 4 月 8—9 日；2014 年 7 月 26 日—8 月 19 日；2016 年 3 月 5—8 日；2016 年 9 月 16—19 日。

我们在泸沽湖大草海访问当地渔民，并通过当地渔民帮助，在大草海主要水道、大草海与亮海之间、王妃岛、乌龟岛等地选择了 12 个点位，采用渔网（刺网）捕鱼。用刺网捕鱼在泸沽湖被渔民广泛使用，网的长宽及网眼大小根据需要而定，渔网通常根据不同的地点和湖水深度安放。刺网安放时间为傍晚 19:00—21:00，并于第二天早晨 6:00—9:00 收网，共获得鱼类标本 133 份。对收集到的鱼类标本，进行鉴定分类。部分标本放置在浓度为 10% 的甲醛中保存。泸沽湖鲤鱼见图 3-4-1。

图 3-4-1　泸沽湖鲤鱼

我们通过在大洛水、小洛水、里格半岛、达祖码头、洼夸码头、赵家湾等地走访村民、渔民，开展鱼类问卷调查；在小草海和赵家湾亮海处，实地走访调查了池塘养殖户；对泸沽湖水产品商铺、泸沽湖镇鱼市进行走访。

通过泸沽湖管理局、盐源县水利局等单位收集资料并查阅关于泸沽湖鱼类的历史文献、论文等。

3.4.2　泸沽湖鱼类组成状况

经过我们调查鉴定，泸沽湖鱼类组成情况是：泸沽湖鱼类有17种，隶属5目6科。

根据调查和资料的综合分析，泸沽湖有鱼类17种，分隶5目6科15属。鲤形目有2科11属13种，占总数的76.47%，其中鲤科9属11种，鳅科2属2种；鲇形目有1科1属1种，占总数的5.89%；鲈形目有1科1属1种，占总数的5.89%；鳉形目有1科1属1种，占总数的5.89%；合鳃目有1科1属1种，占总数的5.89%。具体品种为泥鳅、大鳞副泥鳅、鲤鱼、鲫鱼、草鱼、厚唇裂腹鱼、宁蒗裂腹鱼、小口裂腹鱼、鲢鱼、鳙鱼、中华鳑鲏、麦穗鱼、棒花鱼、大银鱼、子陵栉鰕虎鱼、食蚊鱼、黄鳝。鲢鱼和鳙鱼为2016年云南省第一次人工投放，在2016年之前没有。泸沽湖鱼类名录见附录G。

目前，纵观泸沽湖鱼类区系的特点是：种类贫乏，个体较小，生长稍慢，这也是云贵高原湖泊的共同特点。

3.4.3　泸沽湖外来鱼类

泸沽湖原生鱼种有4种，分别为泥鳅、厚唇裂腹鱼、宁蒗裂腹鱼、小口裂腹鱼，后3种为泸沽湖特有种。外来鱼类有13种，分别为大鳞副泥鳅、鲤鱼、鲫鱼、草鱼、鲢鱼、鳙鱼、中华鳑鲏、麦穗鱼、棒花鱼、大银鱼、子陵栉鰕虎鱼、食蚊鱼、黄鳝，共5目6科13属。泸沽湖外来鱼类及分布见表3-4-1。

表3-4-1　泸沽湖外来鱼类及分布

科目	名称	我国分布情况
（一）鳅科	（1）大鳞副泥鳅	四川省内见于长江、嘉陵江和岷江水系，浙江和台湾，辽宁辽河中下游，黄河，黑龙江等
（二）鲤科	（2）鲤鱼	全国各水系
	（3）鲫鱼	全国各水系
	（4）草鱼	平原地区的江河湖泊地区
	（5）鲢鱼	全国各大水系

续表

科目	名称	我国分布情况
（二）鲤科	（6）鳙鱼	全国各大水系
	（7）中华鳑鲏	长江流域及其附属水体、黄河流域
	（8）麦穗鱼	各地淡水域
	（9）棒花鱼	全国各主要水系及湖泊、池塘中
（三）银鱼科	（10）大银鱼	主要分布于东海、黄海、渤海沿海及长江、淮河中下游河道和湖泊水库
（四）花鳉科	（11）食蚊鱼	长江以南区域
（五）鰕虎鱼科	（12）子陵栉鰕虎鱼	江河水域
（九）合鳃鱼科	（13）黄鳝	川、云、贵、渝、湘、鄂、皖、豫等各地

2004年泸沽湖鱼类外来物种为8种，到2016年增加到13种。由于13个鱼类外来物种逐步进入泸沽湖，湖中鱼类区系已由外来物种控制，泸沽湖现在的主要经济鱼类为鲤鱼、鲫鱼、草鱼、银鱼，而3种特有的土著裂腹鱼种渔民现在很难捕捞到，濒临商业灭绝。泸沽湖3种特有的土著裂腹鱼种形成原因主要在于泸沽湖不是一个完全封闭的内陆湖泊，每年6—10月份，泸沽湖水经东侧的大草海及海门村，沿东南方向流入永宁河（盖祖河段），进入雅砻江。这说明雅砻江中类似于现在的四川裂腹鱼、短须裂腹鱼有机会通过出口的小河上溯到泸沽湖，经过出口小河的间断断流，形成地理阻隔，并经过较长期的同域分化，形成现在的3种特有裂腹鱼。

3.4.4 泸沽湖鱼类分布

泸沽湖分为亮海和草海两部分。泸沽湖大部分鱼类主要分布于草海和亮海浅水区域，鲢鱼、鳙鱼、银鱼、裂腹鱼主要分布于亮海。具体见表3-4-2。

表 3-4-2　泸沽湖鱼类食性及分布情况

名称	在泸沽湖的分布情况
泥鳅	草海、亮海浅水区
大鳞副泥鳅	草海、亮海浅水区
鲤鱼	草海、亮海
鲫鱼	草海、亮海浅水区
草鱼	草海、亮海
鲢鱼	亮海
鳙鱼	亮海
厚唇裂腹鱼	亮海周边中下层
宁蒗裂腹鱼	亮海周边中下层
小口裂腹鱼	亮海周边中下层
中华鳑鲏	草海、亮海浅水区
麦穗鱼	草海、亮海浅水区
棒花鱼	草海、亮海浅水区
大银鱼	亮海
食蚊鱼	草海、亮海浅水区
子陵栉鰕虎鱼	草海、亮海浅水区
黄鳝	草海

3.4.5　泸沽湖鱼类数量

3.4.5.1　泸沽湖渔民及捕捞情况

通过对泸沽湖（四川省辖区）的部分渔民进行走访了解，据不完全统计，泸沽湖四川部分有渔民 100 户左右，云南部分有 30 户左右。其中常年捕鱼的有 30～40 户，主要集中分布在五支落、赵家湾、木垮村几个村。渔民为男性，年龄多在 40～60 岁，以 50 多岁为主。捕鱼的品种主要有鲤鱼、鲫鱼、草鱼、银鱼，不同渔民捕捞的对象不一致，如有专门捕捞鲤鱼的，也有专门捕捞鲫鱼的。根据捕捞对象的不同，用的渔具、渔法也有差异，

鲤鱼、鲫鱼、草鱼以三层刺网为主；银鱼以灯诱捕为主；也有人采用地笼、电捕方式。捕捞时间除封渔期和春节期间外，常年可捕，但冬天相对捕得少，一般常年捕鱼的渔民一年捕鱼时间有 200 d 左右。刺网捕捞一般为头天下午下网（3~4 h），第二天早晨 5:00—6:00 开始收网，10:00 左右结束。捕鱼区域不存在四川、云南的界线，但一般还是在本地为主，鲤鱼捕捞以水深区域为主。鲫鱼一般靠岸区域，银鱼全湖区，地笼以岸边区域为主。

3.4.5.2　泸沽湖鱼类捕捞量

泸沽湖盛产鱼虾，捕鱼捞虾成为沿湖摩梭人的重要产业。据资料记载，20 世纪 60 年代泸沽湖鱼类产量较大，当地人用仿麻线编成拖网（高 2~3 m，长 100 m）进行捕捞，每网捕捞量可达几百千克，最高可达 1.5 t，每日可拉 1~2 网。泸沽湖鱼类年产量在 1966 年时最高，达 500 t[30]。70 年代中期，尼龙网和塑料泡沫浮球应用于拖网，产量更大，每网量 1 t 左右，年产量可达 200 t 左右。进入 80 年代，年产量降到 40~50 t（资料来源：盐源县志编纂委员会. 盐源县志. 成都：四川民族出版社，2000）。90 年代以后，未查到相关鱼产量的资料。

根据调查，泸沽湖现有 17 种鱼类，其主要经济鱼类现有 4 种，分别为鲤鱼、鲫鱼、草鱼、银鱼。捕捞量根据渔民不完全统计，鲤鱼年捕捞量 30~50 t，规格以 1~1.5 kg/尾为主，规格大的可达 9~10 kg/尾，0.5 kg/尾以下的基本不捕捞。鲫鱼年捕捞量 15~30 t，规格以 50~100 g/尾为主，其次为 150~200 g/尾，规格大的可达 250~300 g/尾，但数量少。草鱼年捕捞量初步估计在 1 t 左右，规格以 1~2.5 kg/尾为主，大的可达 20~25 kg/尾。渔民普遍反映草鱼不好捕捞，数量少了，他们认为原因是泸沽湖原来没有草鱼，政府放流进去的，但后来没有放流草鱼了，故越捕捞越少。银鱼捕捞一般是捕捞 1 年后 2~3 年内量相对较少，即捕捞后需隔 2~3 年才是银鱼再捕捞高峰期。2015 年泸沽湖银鱼达捕捞高峰期，初步估计银鱼年产量（湿重）达 45~70 t；2016 年没有从事银鱼捕捞的渔民，原因是银鱼极少、捕捞不起来，没有捕捞价值。其他鱼类不是经济鱼类，渔民不捕捞，未做统计。

泸沽湖盛产高原冷水湖特有的裂腹鱼，即厚唇裂腹鱼、宁蒗裂腹鱼及小口裂腹鱼[32]。随着湖泊生态环境的变迁以及外来鱼种的引入，鱼类种群组成和种群数量发生了很大变化，以裂腹鱼为主的土著鱼类区系，被以鲫鱼、鲤鱼为主的引进鱼种区系所取代。根据调查,20世纪60年代初,裂腹鱼渔获量近300 t,随后逐年下降,90年代初仅有2 t,1991年以来,渔业部门统计资料未见记录,走访渔民,他们叙述泸沽湖中偶尔能捕捞到,有的渔民1年才捕捞到1~2尾,数量极少[33]。泸沽湖鱼类捕捞量见表3-4-3。

表3-4-3　泸沽湖鱼类捕捞量

品种名	渔民/户	捕捞规格/（g/尾）			捕捞量/（kg/户）	捕捞量/（t/年）
		常见规格	大规格	小规格		
鲤鱼	30~40	1 000~1 500	9 000~10 000	≥500	1 000~1 250	30~50
鲫鱼	30~40	50~100	250~300		500~750	15~30
草鱼	—	1 000~2 500	20 000~25 000		少	1
银鱼	15~20	—	—	—	3 000~3 500	45~70
裂腹鱼					偶尔	—
其他鱼类					—	—

3.4.5.3　泸沽湖鱼类养殖量

泸沽湖鱼类养殖主要分布在赵家湾小草海周边和赵家湾亮海处,2014年有26个鱼塘,2016年有28个鱼塘,池塘面积多在1~2亩/个,养殖面积约60亩;在大草海与亮海、四川与云南接壤处有2个鱼塘,池塘面积4亩。养殖模式为池塘养殖草鱼,搭配少量鲢鱼、鲤鱼。草鱼放养规格不同,养殖模式有不同,养殖两年的主要规格为100~150 g/尾;养殖一年期为500 g/尾或1 000 g/尾。草鱼起捕规格多为1~1.5 kg/尾或2~3 kg/尾。除赵家湾亮海2个鱼塘外,饵料来源于割草海的草,即以割草投喂草鱼为主,不喂其他饲料。未配备增氧机的产量为400~500 kg/亩,配备增氧机为1 000 kg/亩,估计养殖鱼类年总产量为35~40 t。

3.5　泸沽湖两栖爬行类调查

3.5.1　调查方法

2014年8月19—22日,2015年8月23—26日,在泸沽湖草海、亮海、

王妃岛、赵家湾等湖滨带，在博树村、五支洛村、洛洼村等农田区，在 20:00—22:00 进行采集。

3.5.2　泸沽湖两栖爬行类调查结果

两栖类有 5 种，即无指盘臭蛙（*Odorrana grahami*）、滇蛙（*Dianrana pleuraden*）、牛蛙（*Lithobates catesbeianus*）、大蹼铃蟾（*Bombina maxima*）、无棘溪蟾（*Torrentophryne aspinia*）（Yang and Rao，1996）。

爬行类有 2 种，即大眼斜鳞蛇中华亚种（*Pseudoxendon macrops sinensis*）（Boulenger，1904）、美姑棘蛇。

3.6　泸沽湖鸟类调查方法和组成状况

3.6.1　泸沽湖鸟类调查方法

2014 年 12 月，2015 年 1 月、12 月，2016 年 1 月、2 月、12 月，我们对四川泸沽湖湿地——草海及沿湖滨开展了冬季鸟类调查。一年中分为 3 期调查：12 月至次年 2 月（越冬期）、4 月（迁徙期）、8 月（繁殖期）。每年每期进行一次调查。我们采用环草海样线调查的方法对鸟类进行观察、统计，使用 GPS 测量草海面积，调查鸟类。沿四川泸沽湖湖滨采用沿洼夸码头至达祖码头，再到小洛水处的川滇交界处，长约 20 km，宽约 200 m 的湖滨路线上，每天上午 8:00—10:00，固定样线观鸟调查。亮海（主要是波叶海菜花区域）水面区域覆盖整个样方，我们乘船从五支洛码头至洛洼码头，再到王妃岛；从洛洼码头乘船至舍夸的川滇交界处。用 GPS 测量面积亮海面积，每天上午 8:00—10:00 进行观鸟统计。采用直接计数法，调查时用 10 倍双筒望远镜和 60 倍单筒望远镜观察鸟类，并用佳能 5D 相机拍照记录鸟类。调查时间为日出后或日落前 2 h。鸟类多样性研究方法及数据处理，我们选择 Shannon-Wiener 物种多样性指数（H'），该研究是基于物种种群数量的研究方法。选择 G-F 指数，该研究是测定一个地区一个生物类群科属间生物多样性的方法。采用 Excel 2013 软件，进行数据统计以及多样性指数、G-F 指数等的计算和图、表的绘制。沿大、小草海湿地和沿湖岸线 30 个固定样点调查，样点面积 500 m×500 m，样点间距

1 000 m 以上。在四川境内泸沽湖的草海湿地区选择 5 个 500 m × 500 m 的样方，林地区选择 5 个 500 m × 500 m 的样方。

3.6.2 泸沽湖鸟类组成状况

3.6.2.1 四川泸沽湖湿地鸟类群落组成及数量

研究结果显示，目前，四川泸沽湖湿地记录鸟类为 49 种，隶属 11 目 15 科 30 属（表 3-6-1）。记录候鸟 35 种，占总数 71.43%，其中，冬候鸟 33 种，占总数的 67.35%；夏候鸟 2 种，占总数的 4.08%；留鸟 14 种，占总数的 28.57%。雁形目、鹳形目、鹤形目为记录物种最多的三个目，分别记录 23 种（46.94%）、5 种（10.20%）、4 种（8.16%）。国家 I 类保护鸟类 2 种，占物种总数的 4.08%；国家 II 类保护鸟类 4 种，占物种总数的 8.16%；四川省保护鸟类 5 种，占 10.20%。极危（CR）物种 1 种，即青头潜鸭，2012 年它被世界自然保护联盟列为极危物种，全球仅存 500 只左右。濒危（EN）物种 1 种，近危（NT）物种 2 种，低危（LC）39 种，"三有"（*）鸟类 21 种。按照中国动物地理区划，四川省盐源县泸沽湖属于东洋界、西南区、西南山地亚区、川西南横断山脉过渡地带，其山脉、河流呈南北走向，使这些地区的鸟类区划中，种类差异较为显著，南北种类成分混杂。其中，分布于东洋界的鸟类有 6 种，占总数的 12.24%；分布于古北界的鸟类有 34 种，占总数的 69.39%；广泛分布于东洋界和古北界的广布型鸟类有 9 种，占总数的 18.37%。四川泸沽湖湿地自然保护区鸟类主要以冬季鸟类为主，为此，古北界的鸟类占了优势（附录 H）。

3.6.2.2 四川泸沽湖湿地鸟类群落结构

2015 年冬季，我们实际观察到四川泸沽湖湿地鸟类 22 种，其中，以鸭科（Anatidae）为主，有 6 个属，即雁属、麻鸭属、鸭属、狭嘴潜鸭属、潜鸭属、鹊鸭属等，共观察到 13 个种，占所观察、记录鸟类总数的 59.09%。其次是鹤科种类，有 3 个属，即黑水鸡属、紫水鸡属、骨顶鸡属，计 3 个种，占总数的 13.64%；鸦科也有 3 个属，即鹊属、蓝鹊属、鸦属，也计有 3 个种，占总数的 13.64%。再次是鹡鸰科、鸬鹚科、鸥科，分别各 1 属 1 种，各占总数的 4.54%。从数量上看，骨顶鸡（*Fulica atra*）为四川泸沽湖湿地鸟类个体数量最大种类，是优势物种，我们观察记录数为 539 只。该

物种不仅数量大，而且停留栖息四川泸沽湖湿地的时间也最长，从前一年的 11 初出现，直到第二年的 3 月中旬为止。其次是赤嘴潜鸭，观察记录数为 430 只，为第二个优势种。除以上 2 种优势种之外，赤麻鸭、灰雁、红头潜鸭、红嘴鸥也是泸沽湖湿地水鸟群落中的优势种，种群数量分别是 379 只、203 只、65 只、53 只。再次其他常见种有小䴙䴘、绿头鸭、斑嘴鸭、赤膀鸭、赤颈鸭、黑水鸡、紫水鸡、斑头雁等。偶见种有普通鸬鹚、鹊鸭、白眼潜鸭等。在四川泸沽湖湿地的边缘林地中，还有喜鹊、大嘴乌鸦、红嘴蓝鹊等（表 3-6-1，附录 H、I、O）。

表 3-6-1 1992 年、2005 年、2015 年四川泸沽湖湿地冬季鸟类多样性指数

年份	目数	科数	属数	物种数	个体总数	G-F 指数	Shannon-Wiener 指数
1992	6	9	18	34	18730	0.3521	2.3725
2005	6	7	16	22	4430	0.4934	2.1491
2015	6	6	15	22	1828	0.4473	1.9258

泸沽湖鸟类名录及数量情况见附录 H、I。

泸沽湖部分鸟类图片见附录 O。

4

泸沽湖生物多样性评价

4.1 泸沽湖浮游生物多样性评价

4.1.1 泸沽湖浮游植物的多样性分析

在天然水体中，各种浮游植物的数量能维持相对稳定的关系，若水体发生富营养化，得到充足营养物质的属种将大量繁殖。浮游植物数量增多，导致种类间对水体中的营养物质产生竞争，并分泌一些抑制其他生物生长的物质，从而造成水体中浮游植物生物量增加、种类减少和多样性降低。因此，常用多样性指数来反映不同环境下浮游植物个体分布和水体营养状况，作为判定水体营养状况的依据。为避免单纯使用一种多样性分析方法出现的计算结果偏差，本研究采用 Shannon-Weaver 多样性指数（H'）、均匀度指数（J'）、Margalef 物种丰富度指数（d）以及 Simpson 多样性指数（D）从不同方面对泸沽湖浮游植物进行多样性分析，计算公式如下：

Shannon-Weaver 多样性指数（H'）：

$$H' = -\sum (n_i / N) \cdot \log_2 (n_i / N)$$

Pielou 均匀度指数（J'）：

$$J' = H' / \log_2 S$$

Simpson 多样性指数（D）：

$$D = -\sum P_i^2$$

式中　P_i——第 i 种个体数量在总个体数量中的比例，$P = n_i / N$；

　　　n_i——第 i 种个体在样品中的数量；

　　　N——样品中所有种的个体总数；

　　　S——总种类数。

4.1.1.1 泸沽湖亮海浮游植物的多样性的季节变化

亮海各季节浮游植物群落多样性指数变化见表 4-1-1 和图 4-1-1。从表 4-1-1 中可知全湖 Shannon-Weaver 多样性指数（H'）平均为 3.24，Pielou 均匀度指数（J'）为 0.70，Simpson 多样性指数（D）为 0.81。这说明泸沽湖亮海浮游植物多样性和均匀度均较高。

表 4-1-1　泸沽湖（亮海）浮游植物多样性指数的季节变化

指数	时间						平均
	2014.08	2015.08	2016.03	2016.06	2016.09	2016.12	
H'	3.88	2.34	3.34	3.67	3.22	3.01	3.24
J'	0.79	0.51	0.73	0.78	0.69	0.70	0.7
D	0.90	0.53	0.88	0.89	0.83	0.82	0.81

　　从图 4-1-1 可知三种指数的变化趋势相同，呈现出先降低，后升高，再降低的趋势，最高值均出现在 2014 年 8 月，最低值出现在 2015 年 8 月。

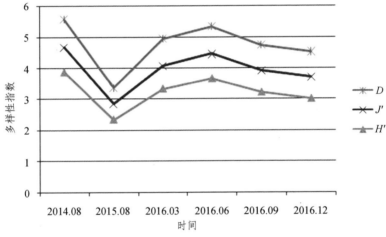

图 4-1-1　泸沽湖亮海浮游植物多样性指数的季节变化

　　一般说来，H' 在 0~1 为重污染，1~3 为中污染，大于 3 为轻污染或无污染；J' 在 0~0.3 为重污染，0.3~0.5 为中污染，0.5~0.8 为轻污染或无污染（沈韫芬等，1990）。综合三种指数，可初步判断泸沽湖亮海水质较好，处于轻污染或无污染状态。2015 年 8 月各指数均处于各季节最低水平，其中 H' 小于 3，这说明之前可能有大量营养物质进入湖区，从而导致某些种类如小环藻大量繁殖，引起各种多样性指数降低。

4.1.1.2　泸沽湖亮海浮游植物的多样性的水平变化

　　亮海各采样点浮游植物群落多样性指数变化见表 4-1-2 和图 4-1-2。从表 4-1-2 中可知亮海各样点 Shannon-Weaver 指数（H'）在 3.05~3.35 变化，但均大于 3；Pielou 均匀度指数（J'）在 0.67 ~ 0.74 变动，均大于 0.5；Simpson 多样性指数（D）在 0.71 ~ 0.86 变动，均大于 0.7。这说明各样点浮游植物多样性比较相近，均较高，没有出现明显污染现象。

表 4-1-2　泸沽湖（亮海）浮游植物多样性指数的水平变化

指数	样点								
	1	2	3	4	5	6	7	8	9
H'	3.23	3.27	3.13	3.35	3.05	3.26	3.22	3.31	3.34
J'	0.68	0.72	0.67	0.71	0.67	0.71	0.70	0.74	0.70
D	0.81	0.83	0.80	0.74	0.71	0.84	0.83	0.86	0.86

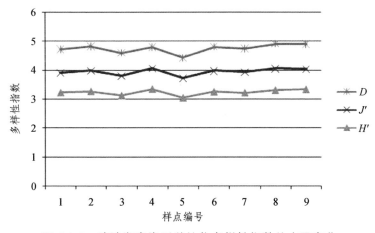

图 4-1-2　泸沽湖亮海浮游植物多样性指数的水平变化

4.1.2　泸沽湖亮海浮游植物的优势种分析

优势度表示物种在群落中的生态重要性的指标。一般来说，在群落中地位最重要、作用最大的一个或几个物种，就是那里的优势种。它（或它们）对自己所在的环境产生高度的适应，并能决定较大范围的生境条件，而这些条件又是群落中其他物种的生活所必需的。通常可以用物种优势度指数来判断一个物种是否为优势种。

$$优势度指数 \ Y = n_i / N \cdot f_i$$

式中　*N*——各采样点所有物种个体总数；

　　　n_i——第 *i* 种的个体总数；

　　　f_i——该物种在各个采样点出现的频率。

当 *Y* > 0.02 时，该物种为群落中的优势种。

从表 4-1-3 可知，亮海浮游植物的主要优势种有飞燕角甲藻、美丽星杆藻、针杆藻、小环藻、钝脆杆藻、小球藻等。飞燕角甲藻在除 2015 年 8 月外的季节里均为优势种，出现频度为 0.72～1，优势度为 0.033～0.32；由于飞燕角甲藻个体大，生物量占浮游植物总生物量比例高，为 16.22%～83.6%，平均 62.61%，所以认为飞燕角甲藻是泸沽湖亮海的绝对优势种。美丽星杆藻出现频度为 0.66～1，优势度为 0.06～0.20。针杆藻、小环藻、钝脆杆藻在亮海出现频度高，数量多，但个体微小，生物量比例低。腰带多甲藻虽然数量较少，出现频度相对较低，但因个体大，生物量比例较高（6.07%～27.72%），故认为腰带多甲藻对亮海浮游生物群落结构影响较大。除以上藻类外，针杆藻、舟形藻、卵囊藻出现频度也很高，为常见种。

表 4-1-3　泸沽湖（亮海）不同季节浮游植物优势种

时间	优势种	出现频度	优势度指数	生物量比例/%
2014.08	飞燕角甲藻	0.72	0.033	16.22
	美丽星杆藻	0.66	0.060	2.70
	腰带多甲藻	0.91	0.047	27.72
	湖生卵囊藻	0.33	0.022	1.54
	花环锥囊藻	0.78	0.159	8.38
2015.08	飞燕角甲藻	0.83	0.001 518	3.37
	小环藻	1	0.551	25.44
	小球藻	0.89	0.067	0.35
	腰带多甲藻	1	0.017 981	13.85
	隐藻	1	0.109 3	16.84
2016.03	飞燕角甲藻	1	0.175	74.19
	美丽星杆藻	1	0.20	2.13
	小环藻	1	0.20	3.6
	隐藻	1	0.08	2.8

时间	优势种	出现频度	优势度指数	生物量比例/%
2016.06	钝脆杆藻	0.86	0.026	0.66
	飞燕角甲藻	1	0.191	71.53
	美丽星杆藻	1	0.162	2.52
	小环藻	1	0.058	0.04
	小球藻	1	0.11	0.07
	针杆藻	1	0.077	1.19
	腰带多甲藻	0.94	0.065	10.66
2016.09	虫蚀隐藻	0.94	0.05	5.68
	飞燕角甲藻	1	0.11	67.52
	美丽星杆藻	1	0.07	1.86
	小环藻	1	0.16	2.51
	小球藻	1	0.27	0.29
	针杆藻	0.89	0.27	0.81
	实球藻	0.92	0.03	6.81
	腰带多甲藻	0.86	0.01	6.07
2016.12	虫蚀隐藻	0.83	0.03	1.96
	钝脆杆藻	0.97	0.06	0.15
	飞燕角甲藻	1	0.32	83.60
	卵形隐藻	0.83	0.08	4.00
	美丽星杆藻	0.97	0.16	1.82
	小环藻	1	0.05	0.34
	小球藻	1	0.09	0.04
	针杆藻	0.89	0.07	0.33

2015 年 8 月浮游植物优势种与其他季节差异较大,小环藻和隐藻成为主要优势种,其中小环藻优势度指数高达 0.551,生物量比例高达 25.44%。这说明之前可能有较大量营养物质进入湖中,或其他因子造成湖水理化因

子变化较大，从而使得浮游植物在数量上高于其他季节，在结构组成上异于其他季节。

4.1.3 存在的问题与对策

泸沽湖亮海透明度高，浮游植物数量及生物量低，浮游植物主要优势种为飞燕角甲藻、美丽星杆藻、针杆藻、小环藻、钝脆杆藻、小球藻等。就透明度和浮游植物结构来衡量，亮海属贫营养型水体，水质好。但 2015 年 8 月浮游植物数量异常增高，种类结构异于其他季节，单一藻类（小环藻）数量特别多，造成这种情况的原因需结合亮海的理化指标（特别是总磷和总氮变化）进行分析。这同时也说明亮海生态系统较脆弱，易受影响，在今后需注意保护。建议今后加强对泸沽湖理化因子和浮游生物的常态化监测。

草海浮游生物的数量与结构随季节变化差异较大，无明显规律，这可能是因为采样时所设样点较少，代表性不强。在今后研究中可根据需要多设采样点，并结合理化指标进行分析。

4.2 泸沽湖水生维管束植物多样性评价

4.2.1 泸沽湖草海水生维管束植物地理成分分析

根据吴征镒对中国种子植物属分布类型的划分[18]，泸沽湖草海水生维管束植物共有 8 种分布类型。其中世界分布型成分最多，有 12 属 16 种，占总种数的 44.4%。常见的有眼子菜属、薸草属、紫萍属、芦苇属、金鱼藻属、香蒲属。泛热带、热带亚洲至热带非洲、旧世界热带三个热带分布区类型共有 7 属 7 种，占总种数的 19.4%。北温带、北温带和南温带（全温带）间断、旧世界温带 3 个分布区类型共有 7 属 10 种，占总种数的 27.8%。东亚和北美洲间断有 2 属 2 种，占总种数的 5.6%。中国特有 1 种。结果表明，泸沽湖草海水生维管束植物主要以世界广布种、热带分布种和温带分布种为主。

4.2.2 泸沽湖草海水生维管束植物群落类型和生活型分析

在所调查的 50 个样方中，挺水植物为优势种的样方占 59%，浮叶植物为优势种的样方占 31%，沉水植物为优势种的样方占 6%，漂浮植物为优势种的样方仅占 4%。其中，挺水植物优势种以黑三棱、菰、芦苇、水葱、李氏禾为主，浮叶植物优势种以浮叶眼子菜为主，沉水植物优势种以黄花狸藻、金鱼藻为主，漂浮植物优势种为紫萍。根据群落中主要优势种命名，泸沽湖草海水生维管束植物可分为 9 种植物群落。

泸沽湖草海以挺水植物群落占优势，主要为黑三棱群落、菰群落、芦苇群落、水葱群落，其中菰群落主要分布在湖岸两带，黑三棱群落、芦苇群落、香蒲群落、蔍草群落镶嵌分布。夏季草海一片绿色，但有芦苇、湿生植物分布区域呈紫色，草海内时有伞形科、菊科等湿生与中生植物开黄花、白花，非常美丽。春冬季草海一片金黄，与夏季完全是两番景象。

浮叶植物分布范围较宽，除泥炭层外，草海湖面均有浮叶眼子菜覆盖。一些污染较为严重区域有野菱分布，如博树码头、密洼等区域。走婚桥上游约 400 m 有大量野菱分布，成为单优势群落，但其分布范围不宽。

漂浮植物仅发现紫萍一种，夏季较春冬季分布广，主要分布在草海下游，从博树码头到海门桥紫萍数量越来越多，其盖度为 5% ~ 80%，常与浮叶眼子菜伴生。草海上游与中游几乎无紫萍分布，越往下游紫萍盖度越大，这可能与水流、风浪有关。春冬季紫萍分布范围较窄，仅分布在一些公路边与湖湾处。

沉水植物也是草海水生维管束植物的重要组成部分，在湖面无挺水植物分布区域，沉水植物分布较多，以金鱼藻、黄花狸藻为主。另外，眼子菜科扁茎眼子菜、光叶眼子菜、穿叶眼子菜、角果藻，水鳖科波叶海菜花、黑藻，小二仙草科穗状狐尾藻等沉水植物主要分布在水质较好的亮海与草海交界带。

4.2.3 泸沽湖水生维管束植物物种组成评价

水生植物的定义至今仍有争议，有的仅指狭义的水生植物，即进行光合作用的器官大部分时间里或一年中至少有数个月沉于水中或浮于水面。广义的水生植物除包括狭义水生植物外还包括湿生植物[19]。调查结果表明，虽草海水生维管束植物种类以挺水植物居多，但有 13 种生长于沼泽区和潮湿区（如柳叶菜多生长于湿地或路旁），可列入湿生植物范畴。狭义的水生植物仅 23 种，其中挺水植物 9 种，其他 3 类生活型植物 12 种。另外，通过调查发现，草海还有柳树、杨树等植物生长，它们主要分布于部分沼

泽小岛，如洛洼码头、走婚桥。沼泽与路边还有白车轴草、鬼针草、牛膝菊、下田菊、小蓬草、野塘蒿、紫草、马唐、牛筋草等植物生长。

　　据谭志卫 2011 年调查发现[12]，泸沽湖亮海共有水生维管束植物 34 种，本次调查草海共发现 36 种水生维管束植物。调查结果与谭志卫的研究比较发现，亮海中共有 13 种植物在草海未发现，其中含沉水植物 10 种。而草海中有 18 种水生维管束植物在亮海未见报道，主要以湿生植物为主，另有 4 种沉水植物，即黄花狸藻、角果藻、扁茎眼子菜、光叶眼子菜。综合谭志卫的研究与本次调查，泸沽湖现有 41 种水生植物，其中挺水植物 16 种、浮叶植物 2 种、飘浮植物 5 种、沉水植物 17 种。与李恒、阳小成的历史资料比较发现[9, 10]，近 30 多年来，泸沽湖水生植物物种多样性基本未发生改变。1979 年李恒考察共发现 32 种水生植物，水生植物群落以沉水植物为主；1993 年阳小成考察发现泸沽湖有 43 种水生植物。与滇池[20]、武汉东湖[21]等大型淡水湖泊比较发现，泸沽湖水生植物种类较为丰富，对污染敏感物种如海菜花，轮藻，黄花狸藻、黑藻、角果藻、穿叶眼子菜等稀有种类尚有大面积分布。这可能与泸沽湖地域条件、经济发展、旅游开发时间、开发指导思想等有关。但需要引起重视的是，目前因旅游活动、人为采摘等人为因素，海菜花在亮海的分布面积不断缩减。此外，因旅游业发展的冲击，泸沽湖一些湖湾、码头、旅游景点已受到不同程度的污染，泸沽湖水质已有富营养化趋势。据于洋报道[22]，泸沽湖为云贵高原 9 大高原湖泊中近 20 年来总氮含量增加最为显著的湖泊。水生植物多样性调查也发现，草海码头附近、公路边已有少量喜旱莲子草等入侵植物分布，码头、湖湾、宾馆、走婚桥等人为干扰较大区域及污水入湖区，耐污物种野菱、金鱼藻、紫萍成片分布，另外在公路沼泽区还有少量水白酒草、牛膝菊分布。据调查，泸沽湖周边无工业污染源，入湖污染主要为生活污染、旅游污染、养殖污染。因此，为了实现经济、文化和生态的健康和谐发展，为了保护泸沽湖自然保护区稀有的水生植物，当地政府与景区管理局在经济开发中务必要坚持"保护优先，合理开发，坚持可持续开发"的原则。笔者建议政府与景区管理局应加强对旅游业的统一规划与管理。一是完善并落实生活污染排污管道；二是加强对水污染的有效治理，生活污水先预处理后再排入草海；三是增加水面卫生管理人员，及时清理生活垃圾及除治入侵植物；四是景观设计始终坚持以本土物种为主，禁止引种观赏植物。

4.2.4　泸沽湖水生植物群落组成评价

据周聪 2010 年报道[11]，草海主要为沉水植物群落（狐尾藻群落），挺水植物以李氏禾群落为主，菰群落、水葱群落、芦苇群落、香蒲群落分布范围窄，杉叶藻群落分布较宽。本次调查发现，草海水生植物群落已发生较大变化，草海挺水植物群落与其他 3 种群落分布面积相近，挺水植物中李氏禾群落分布面积变窄，菰群落、芦苇群落、水葱群落分布面积扩大，杉叶藻群落多见于旱季，汛期分布范围显著减少。在湿地生态系统中，挺水植物大量繁殖不仅会影响水下沉水植物的光照吸收，不利于生长；若不能在适当时间收割，冬季死亡的挺水植物还会污染水质，加快湖泊的沼泽化进程[23]。调查结果表明近几年来草海水域面积不断缩小，积有泥炭层的水体面积扩大，表明草海湖泊正向沼泽演化。

影响水生植物生长与蔓延的主要限制因素有水深、透明度、湖床淤泥沉积、风浪、水体营养盐条件等。大型水生植物过量生长，如不加控制会导致湖底淤泥堆积抬升，加速湖泊沼泽化。相关研究表明，当水深大于 1 m 小于 4 m 时，湖泊大型水生植物最佳保有生物量应保持在 2 kg/m^2，水生植物生物量超过 1.2 kg/m^2，都有发生草型富营养化的趋势[24, 25]。据调查，泸沽湖草海黑山棱群落每年地上风干生物量约 7.5 kg/m^2，浮叶眼子菜每年风干生物量约 0.7 kg/m^2，金鱼藻群落每年风干生物量约 1.4 kg/m^2，可见草海泥炭层区挺水植物属于过量生长，金鱼藻沉水植物群落有发生营养化的危险。另外，草型湖泊在植物生长季，因水生植物有拦截悬浮物质、吸收营养物质、过滤毒性物质等巨大能力，水体透明度较好，但水生植物常常也会妨碍通航。在非生长季节大型水生植物凋腐不仅会影响水质，还会造成生物淤积，大大加速湖泊淤积和沼泽化。调查中发现，草海局部区域挺水植物根茎盘结现象严重，原有水路不能正常通行，金鱼藻盖度大的区域，通航十分费力费时。

因此，为了减慢草海沼泽化速度，笔者建议应加强对泸沽湖水生植被的管理及泸沽湖流域最低生态需水量的研究。一是可以新建水生植物利用加工厂；二是可以扩大动物生态养殖规模；三是可采取水生植被管理承包到村，责任到人的制度；四是可采用收割、切割、修建隐藏隔离带等方式管理水生植被；五是加强泸沽湖水资源的相关研究。

4.2.5　泸沽湖水生植物生活型评价

近 30 多年来，泸沽湖水生植物各生活型物种多样性无显著变化，如沉水植物 1979 年报道有 18 种，1993 年报道有 17 种，近几年调查有 18 种。据报道，沉水植物在水生植物各生活型中，对环境胁迫的反应最为敏感，这在本次调查中也得到了进一步验证。泸沽湖亮海水质好，总体维持 I 类水质，除人为干扰较大的一些湖湾、码头外，水体透明度 5.0 ~ 12.5 m，沉水植物种类最多，有 20 种。亮海与草海交界区，水质好，水深 1.2 ~ 1.3 m，透明度 100%，沉水植物有 8 种。草海氮磷等营养物质富集，水体透明度平均 0.6 m，沉水植物仅 4 种，除金鱼藻与黄花狸藻广泛分布于草海外，角果藻与扁茎眼子菜仅在草海中央区域有小范围分布。另外，调查中发现，草海湖面因浮叶眼子菜的大量存在，沉水植物物种多样性与群落结构均较低。与因人为干扰较大导致水质恶化严重的高原湖泊滇池相比，泸沽湖水生植被较为丰富，沉水植物种类与分布范围较广。滇池外海沉水植物覆盖度曾一度达 80%，但随着城市化、工业化和旅游业的快速发展，滇池水质迅速恶化，多年爆发全湖性蓝藻，20 世纪 80 年代滇池外海和草海水质降为Ⅳ类和Ⅴ类，同时水生植被也发生质的变化[26-28]。在地域分布上，深水区沉水植物几乎全部消亡，浅水区沉水植物分布也非常稀疏，生物量大大降低。因此，为避免重蹈滇池 "先污染后治理" 的覆辙，应加强对泸沽湖水域生态系统的保护与管理。

4.3　泸沽湖鱼类多样性评价

4.3.1　泸沽湖鱼类资源现状分析

4.3.1.1　泸沽湖鱼类区系的特点决定了渔产低下的性能

渔业是湖泊的一大功能，泸沽湖流域自然环境适宜，水量充沛、水质极好，发展渔业有一定的有利条件。泸沽湖鱼类区系的特点具有种类贫乏、个体较小，生长稍慢的特点。这些特点决定了湖泊渔产的低下性能，基本上泸沽湖鱼年产量都在百吨左右。

4.3.1.2 泸沽湖鱼类饵料生物组成及生物量也决定了鱼产量不高

泸沽湖鱼类产量低的原因除了鱼类本身固有的属性外，还有鱼类饵料生物的种类、数量及其再生产的能力不相适应的因素。从湖泊营养类型评价，总体评价为贫营养湖泊[29]。泸沽湖营养元素缺乏，其初级生物量较低。泸沽湖浮游植物主要有 59 种，分属蓝藻门、硅藻门、金藻门、裸藻门、甲藻门、隐藻门、绿藻门等 7 个门；浮游动物有 21 种，分属原生动物、轮虫、枝角类和桡足类。浮游生物的生物量低，能满足泸沽湖滤食性鱼类的生物量较低；水生维管束植物集中分布于大草海、小草海，而其他湖滨带数量较少，故鱼类分布主要集中于大草海及大草海与亮海交界处，亮海仅以银鱼为主（2016 年投放的鲢鱼、鳙鱼还未见效应），造成泸沽湖整体鱼产量不高。

4.3.1.3 泸沽湖原生鱼类资源萎缩

泸沽湖现在的主要经济鱼类为鲤鱼、鲫鱼、草鱼、银鱼等外来物种，而 3 种特有的原生裂腹鱼种濒临商业灭绝。分析其原因除外来物种的影响外，还与其繁殖洄游通道受人为影响有关。通过走访渔民及查阅资料，认为此 3 种裂腹鱼产卵场在永宁河（盖祖河段），在泸沽湖性成熟的亲鱼穿过大草海，通过与大草海、永宁河相连接的小河进入永宁河，并在永宁河产卵、孵化；幼鱼再溯河洄游回泸沽湖生长。但现在泸沽湖出水流量减少，泸沽湖大草海出口处修筑了拦河坝，以及出水口不远处有一小水电引流，从而造成泸沽湖与永宁河联系的出口小河间断断流，这样势必造成 3 种裂腹鱼亲鱼不能进入永宁河，不能形成产卵场，幼鱼不能洄游至泸沽湖，其资源量不能得到补充，随着品种自然死亡及捕捞，其资源量不断下降，进而失去商业价值甚至面临灭绝境地。

4.3.1.4 泸沽湖周边池塘养鱼产量不高，并带来一定的污染

在赵家湾小草海和亮海处，调查走访了鱼类养殖户，养殖面积 60 亩左右，养殖模式为池塘养殖草鱼，搭配少量鲢鱼、鲤鱼。养殖亩产量多在 50 ~ 1 000 kg；主要投喂来源于小草海中的草，不投喂人工配合饲料；池塘水来源于小草海，养殖池塘废水直排入小草海，形成了点源污染。

据此，今后须保持鲤鱼、鲫鱼鱼类的规格和数量，可以适度放养草鱼，适当扶持土著鱼类的发展，围捕野杂鱼，保护好大草海、小草海，保护天然资源，结合禁渔区、禁渔期，控制捕捞规格和数量，严格控制或禁止小草海池塘养殖。总而言之，泸沽湖渔业经营的方式建议：以湖泊的综合利用和优化环境为前提，发展鲤鱼、鲫鱼类，扶持土著种的渔业格局，以人工放养和自然增殖相结合的方法，实现可持续发展经济观。

4.3.2 泸沽湖鱼类保护及对策

4.3.2.1 保护泸沽湖大小草海湿地资源，培育好鱼类产卵场

泸沽湖镇 2011 年接待游客数量 16.63 万人次；2012 年进入景区总人数为 271 629 人；2013 年全年进入景区总人数 280 778 人，门票收入 18 626 560 元，全年接待中外游客 34.67 万人次，实现旅游收入 3.08 亿元，同比增长 27.58%。随泸沽湖旅游经济的发展，泸沽湖受到周边农民和单位的侵占，建起了农家乐和宾馆，泸沽湖周边受到生活污水的污染较为严重，使水生生物面临危机，鱼类失去产卵场，以致鱼类生物多样性被破坏，泸沽湖特有种 3 种裂腹鱼已经商业灭绝。为此，保护泸沽湖的湿地是恢复鱼类生物多样性的重要措施，首先应保护好大小草海各种水生植物，形成水生植物的多样性，使泸沽湖鱼类有产卵场所和幼鱼觅食场所。

4.3.2.2 加强泸沽湖入湖河流水土保持，开展生态小流域治理

泸沽湖入湖河流共 18 条（云南部分 11 条，四川部分 7 条），其中常流河共 9 条（云南部分 5 条，四川部分 4 条），分别为大渔坝河、乌马河、幽谷河、王家湾河、渡放河、凹垮河、木垮河、大嘴河、八大队河。流入湖的山泉主要有三家村附近山溪、小鱼坝山溪、洛水行政村附近大鱼坝山溪等。对这些河流要加强植树造林、水土保持，在这些河道上游构筑拦河大堤，以工程治理和生物治理相结合的方式，开展生态小流域治理，避免或减少泥沙下泄进入泸沽湖。在这些入湖河口，大量恢复重建湿地，形成厚唇裂腹鱼、宁蒗裂腹鱼、小口裂腹鱼等土著鱼类的主要产卵场和养育场。

4.3.2.3　建设"摩梭家园"，开展"三退三还"生态保护工程

泸沽湖滨及周边存在农药、化肥等面源污染。但摩梭人千百年来生活在泸沽湖边，放养水牛，在草海中打猪草等生活方式，并没有对泸沽湖水质环境造成多大的影响。其原因是水牛及村民打猪草等行为，有效地减少了内源污染沉积，减弱了沼泽化的影响因子，人与自然能和谐相处。但是，泸沽湖城镇化的进程和旅游业的迅猛发展，加上20世纪60～70年代围湖造田，导致泸沽湖滨大量存在无污水处理设施的农家旅店，特别在大小洛水、里格半岛等区域建有这样的宾馆和旅店。这导致了天然湿地急剧减少，污染负荷迅速增加。为此，开展"摩梭家园"建设，保持传统的摩梭文化，实施"三退三还"生态保护工程，即退房还湖，退田还湖，退塘还湖。开展生态移民，拆迁沿湖修建的宾馆、农家乐，退出保护红线。铺设排污管道，对泸沽湖周边污水进行截流，汇入污水处理站，经处理达标后排放。

4.3.2.4　建立泸沽湖增殖放流基地，加强增殖放流

泸沽湖鱼类特有种（厚唇裂腹鱼、宁蒗裂腹鱼、小口裂腹鱼）是泸沽湖与雅砻江存在的地理与生态隔离而同域分化形成的，是千万年来适应辐射形成的特有种，但目前这三种特有鱼种很少被捕获，在市场上已处在商业灭绝状态。为此，我们应在泸沽湖水域创建泸沽湖特有种保护区，建立泸沽湖濒危土著鱼类保护区和繁殖基地，由泸沽湖渔政管理部门建设和管理繁殖基地，有效地保证泸沽湖特有物种资源，开展增殖放流活动。

对常规品种加强增殖放流活动。1982年盐源县与宁蒗县共同协商，决定双方对等投入，放流苗种。到1990年，两县放流2次，各投放28万尾苗种；此后，定期不定期进行放流活动，但需加强投放品种、数量和质量的管控。如有渔民反映2015年四川投放了鱼种，但死亡很多，希望能保证一定成活率。在四种经济鱼类中，鲫鱼、银鱼能很好地自行繁殖，鲤鱼能自行繁殖，草鱼不能自行繁殖。这也是泸沽湖草鱼捕捞量下降的主要原因。

泸沽湖流域人们信奉藏传佛教，增殖放流活动符合泸沽湖摩梭人传统文化和宗教信仰，可以达到保护鱼类和增进民族团结的效果。同时，人们自行放生的品种往往没有控制，如近年来放生的品种有黄鳝、泥鳅、河蟹、小龙虾（克氏原螯虾）、龟（巴西龟）等。这需要当地渔政部门和当地政府部门加强对放生品种的管控，避免造成生态污染和失衡。

4.3.2.5 建立泸沽湖生态保护科普基地，强化渔政管理

泸沽湖及周边非常缺少基本的科普教育场地，没有完整的科普基地。当地人缺乏生态环境保护教育，大量旅客更缺乏环保意识，近年来，还出现游客在泸沽湖边驾车污染湖水的事件。开展绿色教育，生态文明教育。在泸沽湖周边的中小学开展绿色学校创建，在师生中开展绿色文化教育。在泸沽湖周边的宾馆和旅游饭店开展绿色饭店的创建，旨在使游客和饭店管理者树立环境保护意识，自觉参与保护泸沽湖的科普教育活动中来。

泸沽湖边的渔民使用的渔具、渔法主要有刺网、地笼网捕、电捕，其中电捕是违法行为。很多渔民反映有部分渔民为了经济利益，大量使用地笼网捕、电捕等来捕捞鱼类，造成泸沽湖鱼类灭绝式的资源损失。为此，必须加强泸沽湖渔政管理，在专业部门的管理指导下，加强渔业业务和技术指导，不能随意由渔民捕捞鱼类。

进一步加强禁渔期和禁渔区的管理。渔民反映泸沽湖十几年前就开始实行了禁渔期，2016年禁渔期为3、4、5月，并严格管理。绝大部分渔民能遵守禁渔期的规定，但还是有部分渔民在禁渔期间偷偷捕鱼。这需要相关部门加强管理并严格执法。

渔民的年龄多在40~60岁，年龄偏大，捕鱼很辛苦，收益也不高，大部分人患有风湿病、关节病，很多渔民不愿再捕鱼，但又往往苦于家里地少又没有别的求生技术，故只能持续下去。同时，年轻一代不愿意捕鱼，在访问的渔民中只有一位30来岁的年轻人还在捕鱼，且是偶尔捕鱼，泸沽湖上捕鱼的场景随着老一辈的退出有消失的可能。这需要相关部门加强对渔民的关心、支持。

5

生态服务功能调查

5.1　饮用水服务功能

5.1.1　总的要求

5.1.1.1　调查内容

泸沽湖饮用水取水点位于云南落水，故不做饮用水服务功能调查。补充调查泸沽湖流域四川部分各村镇饮用水取水点位、取水供水设施、取水量、服务范围与人口、水源地保护设施建设情况。

5.1.1.2　调查方法

（1）2014 年 8 月 19 日，我们到泸沽湖流域四川部分各村镇饮用水取水点位、取水供水设施调查。

根据泸沽湖入湖，流域四川部分各村镇饮用水取水点位，我们分别选取直普村河（1#采样点，27°41′30″N；100°52′0″E；海拔 2 770 m；水温 11 ℃）、舍垮河（2#采样点，27°40′26″N；100°50′4″E；海拔 2 666 m；水温 13 ℃）、古拉河（3#采样点，27°43′30″N；100°52′0″E；海拔 2 670 m；水温 16 ℃）采集水样及水底淤泥，并对采样进行稀释分离（10^{-2}、10^{-3}），并于 8 月 20 日送回西昌学院动物科学学院实验室进行培养；8 月 21 日至 9 月 18 日对培养物进行分离、纯化，并对分离到的菌株进行形态学观察。

（2）2015 年 6 月 4—6 日至泸沽湖做水生细菌调查。

① 采样点

直普水厂水源地、洛洼码头、川滇交界界碑处、泸沽湖污水处理厂曝气池及污水处理厂背后排水沟等五个采集点。

在直普水厂水源地、川滇交界界碑处及污水处理厂背后排水沟采样点分别采集水样 3 份及水底淤泥样品 3 份。

在泸沽湖污水处理厂曝气池、洛洼码头采集水样 3 份。

② 样品处理

采样后，2 h 内将各样品按 10^{-4}、10^{-5} 稀释后，牛肉膏蛋白胨平板稀释分离；次日返回西昌学院，将分离平板 37 ℃ 恒温培养 24 h，挑取单菌落接种于牛肉膏蛋白胨琼脂斜面。

5.1.2 调查情况及结果

2015 年 6 月 4—6 日至泸沽湖做水生细菌调查，调查小组主要有以下几点收获。

1. 所获菌株

共分离获得 85 个菌株，见表 5-1-1：

表 5-1-1　泸沽湖可培养细菌菌株分离情况表

样品名称	获得菌株数量
直普水样	3
直普泥样	3
污水厂水样	12
川滇交界水样	9
川滇交界泥样	14
污水厂后水样	10
污水厂后泥样	14
洛洼码头水样	20
合计	85

2. 菌种鉴定

所分离菌株经显微形态观察，将纯化菌株共 69 份送检。

其中，79 号菌株活化失败，81、87、91 号菌株 DNA 提取失败，106 号菌株测序失败。

共获得 64 株细菌的 16S rDNA 序列，利用 BLAST 数据库进行比对分析。

本次供试菌株为蜡样芽孢杆菌、单纯芽孢杆菌、微小杆菌、枯草芽孢杆菌、气单孢菌、土芽孢杆菌、类香味菌、节杆菌、耐寒短杆菌、气单胞菌等。

部分已完成的泸沽湖细菌种属鉴定工作菌种见附录 P。

泸沽湖部分分离菌株革兰氏染色显微形态学照片见附录 Q。

3. 存在的问题

泸沽湖远离实验室，从实验室准备采样、分离相关用具及培养基到至湖区采样并立即进行分离操作，再返回实验室进行培养，整个过程难免会有污染的发生。

另外我院实验室部分菌种保藏设备老化，污染时有发生，第一次进湖采样、分离所获得的菌种尚未完成鉴定，就被彻底污染，无法与本次采样所获菌种进行比较分析。

5.2 栖息地功能

5.2.1 总的要求

5.2.1.1 调查内容

（1）大小草海和湖滨湿地类型、面积、分布情况。

（2）大小草海和湖滨湿地植被类型、分布、数量。

（3）栖息的候鸟和留鸟种类及其数量、分布、物种多样性指数，分析湿地为鸟类提供的栖息地服务类型（觅食、繁育、越冬、休憩等）。

（4）鱼类种类与数量。

5.2.1.2 调查方式

收集资料与现场走访相结合，与生物多样性调查部分相结合。

湿地和植被类型、数量及分布采用查阅资料与实地调查获得。

鱼类与鸟类调查采用现场调查、问卷调查、查阅资料。

5.2.1.3 调查时段及频次

2014 年、2016 年进行更新调查，调查频次结合调查内容确定。

5.2.2 调查情况及结果

5.2.2.1 大小草海和湖滨湿地类型、面积、分布情况

泸沽湖保护区内共有湿地 3 008.4 hm²，占保护区总面积 16 867.0 hm²

的 17.8%（图 5-2-1），其中：湖泊湿地 2 153.69 hm²，占湿地面积的 71.59%。大小草海和湖滨湿地类型有沼泽湿地、河流湿地、农田湿地等，大小草海和湖滨湿地面积 854.71 hm²，占湿地面积的 28.41%，其中，沼泽湿地 804.71 hm²，占湿地面积的 26.75%；河流湿地 50.0 hm²，占湿地面积的 1.7%。大草海（沼泽湿地）742.12 hm²，主要分布于洛洼半岛经五支洛码头、喇嘛寺直到海门桥，然后从海门桥经走婚桥、密洼到山南，最后到舍夸的川滇交界处为止的一个大三角形的区域。小草海 62.59 hm²，也为沼泽湿地，位于阿洼至赵家湾之间。河流湿地主要分布于舍垮河、直普河、娜洼河、古拉河等小河周边的湿地（图 5-2-2）。

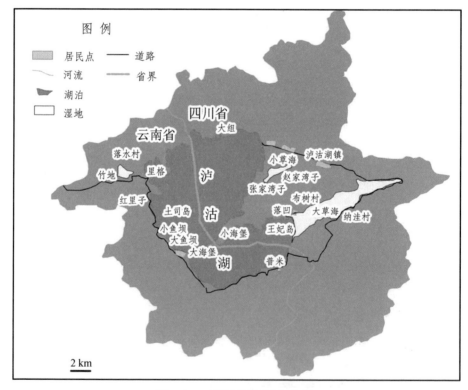

图 5-2-1　泸沽湖平面分布图

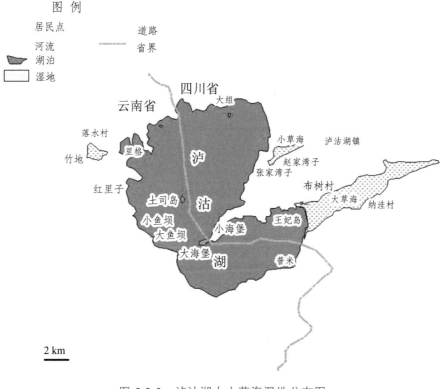

图例
居民点
河流
湖泊
湿地
道路
省界

四川省
云南省
大组
落水村
里格
竹地
红里子
土司岛
小鱼坝
大鱼坝
大海堡
泸
沽
湖
小海堡
小草海
泸沽湖镇
赵家湾子
张家湾子
布树村
大草海
纳洼村
王妃岛
普米

2 km

图 5-2-2　泸沽湖大小草海湿地分布图

5.2.2.2　大小草海和湖滨湿地植被类型、分布、数量

泸沽湖草海水生维管束植物群落类型比较齐全，调查样方中，挺水植物、沉水植物、浮叶植物、漂浮植物均有物种以优势种存在。调查结果表明，优势种为挺水植物的样方占 59%，浮叶植物为 31%，沉水植物为 6%，漂浮植物为 4%。挺水植物优势种有黑三棱、菰、芦苇、水葱、李氏禾，浮叶植物优势种为浮叶眼子菜，沉水植物优势种有角果藻、黄花狸藻、金鱼藻，漂浮植物优势种为浮萍。泸沽湖草海共有 22 种水生维管束植物，其中挺水植物物种数最多，有 10 个物种，其次为沉水植物，有 9 个物种，浮叶植物和漂浮植物物种数最少，分别只有 2 个和 1 个物种（详见表 5-2-1）。挺水植物以禾本科、莎草科占优势，沉水植物以眼子菜科占优势。本次调查共调查小样方 49 个，22 种水生维管束植物中有 20 种在样方中出现，物种样方出现率较高，为 91%，仅沉水植物有 2 种未在样方中出现。

表 5-2-1　泸沽湖草海水生维管束植物科属种分析

生活型	科	属	种
挺水植物	5	8	10
沉水植物	5	7	9
浮叶植物	2	2	2
漂浮植物	1	1	1
合计	13	18	22

　　另外，调查结果显示，样方中还发现 5 种湿生或沼生植物，有柳叶菜、小花柳叶菜、千屈菜、中华水芹、睡菜，它们主要分布在草海中沼泽化后偏旱区域，其草甸上无水，似陆地化，但草甸下仍有水层，常与香蒲、藨草、菰、芦苇、水葱等植物伴生。调查样线中还发现有杨树、柳树、水花生、石龙芮、杉叶藻、酸模叶蓼、马先蒿、白车轴草、鬼针草、报春花、稗等 10 多种湿生或沼生植物，其主要分布在公路两带的浅水区、沼泽区、陆地化区。

　　泸沽湖草海水生维管束植物群落类型见附录 R。

5.2.2.3　四川泸沽湖湿地冬季鸟类多样性

　　从 Shannon-Wiener 物种多样性指数（表 5-2-2）来看，在属以下水平，四川泸沽湖湿地鸟类多样性呈现出：1992 年最为丰富，多样性指数为2.372 5；2005 年次之，多样性指数为 2.149 1；2015 年为最低，多样性指数为 1.925 8。这说明了在物种这个层次，四川泸沽湖湿地鸟类多样性在30 年间，每 10 年呈现出明显下降趋势。

　　从 G-F 指数（表 5-2-2）来看，在科—属水平上，四川泸沽湖湿地鸟类多样性有不同变化，1992 年为 0.352 1，2005 年为 0.493 4，2015 年为0.447 3。这说明，在 1992 年，在科—属水平上，G-F 多样性较低，从 1992年崔学振对泸沽湖湿地鸟类的调查可知，虽然该调查没有呈现具体的调查地点，但是泸沽湖湿地最集中、面积最大的，还是四川泸沽湖范围内的草海。1992 年从盐源县城到泸沽湖的交通不便，可进入性差，1992 年，G-F

多样性指数低，反映出那时崔学振等的调查，时间短，范围不大。2005 年
G-F 多样性指数高，反映出李丽纯、林雯等对泸沽湖湿地鸟类的调查，时间充裕，范围较广，共深入调查了 4 次。为此，2005 年 G-F 多样性指数呈现上升趋势。2015 年的调查，G-F 多样性指数比 2005 年低，反映出：2015年左右的调查，同样时间充裕，调查范围也较广，共调查了 6 次。四川泸沽湖鸟类在科—属水平上也呈现较多的趋势，但是，从我们调查的具体种来看，在湿地中出现了雀形目的种类——家燕、喜鹊等。这些种类与人居有很大的关系，而非湿地典型的鸟类。可见，四川泸沽湖湿地鸟类栖息环境由沼泽化向耕地化、林地化、人居化演变。栖息的鸟类由湿地水鸟向陆地人居雀鸟转变。

表 5-2-2　1992 年、2005 年、2015 年四川泸沽湖湿地冬季鸟类多样性指数

年份	目数	科数	属数	物种数	个体总数	G-F 指数	Shannon-Wiener 指数
1992	6	9	18	34	18 730	0.352 1	2.372 5
2005	6	7	16	22	4 430	0.493 4	2.149 1
2015	6	6	15	22	1 828	0.447 3	1.925 8

5.2.2.4　泸沽湖湿地为鸟类提供的栖息地服务类型

1. 四川泸沽湖湿地栖息地位置及生境

四川泸沽湖湿地自然保护区始建于 1999 年 12 月，2005 年由凉山彝族自治州人民政府批准为州级自然保护区。该保护区保护管理泸沽湖东部区域及其周边山地，保护面积 16 867.0 hm²，其中：核心区 9 402.5 hm²，占55.7%；缓冲区 1 746.5 hm²，占 10.4%；实验区 5 718.0 hm²，占 33.9%[8]。本次研究区域主要集中在大草海（地理坐标为东经 100°49′26″ ~ 100°54′20″、北纬 27°43′50″ ~ 27°43′57″）、王妃岛、落洼码头、川滇交界处、洼夸码头（地理坐标为东经 100°50′31″、北纬 27°44′21″）、安娜蛾岛、达祖码头（地理坐标为东经 100°49′28″、北纬 27°44′19″）等具体地点（图5-2-3）。

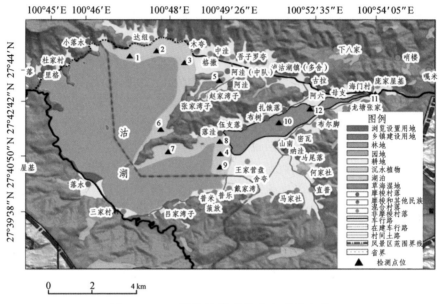

图 5-2-3　四川泸沽湖冬季水鸟观察点位

注：▲1～12 为鸟类观测点。

2. 泸沽湖鸟类生境状况

泸沽湖湿地鸟类栖息地分为夜宿地、休息地、觅食地。主要利用生境为水域、沼泽化草甸、耕地、湖边林地。从水域到陆地存在 5 种典型生境，分类如下：A. 湖内浅水区，在水深 12 m～20 m 的环湖岸的水域，是鸟类最主要的休憩区域。B. 波叶海菜花群落+浮叶眼子菜群落，在水深 5 m～12 m 水域，分布着泸沽湖特有的水生植物——波叶海菜花，面积为 56 hm²。波叶海菜花沿亮海湖岸线分布约 25 km，此区域分布盖度 0～100%，高为 0.2～6 m，受水深影响较大，在浅水区植株矮化，深水区植株叶片较长，且花葶挺出水面而开花，花葶长达 6 m。受株高、叶片数、密度、植株分株、底质等因素影响，单株湿生物量 10～140 g，单位面积密度 0～600 株。四川境内波叶海菜花夏季全株湿生物量预计产量约 1.87 万吨。这是四川泸沽湖湿地鸟类最主要的食物来源和觅食区域。C. 狐尾藻群落+红线草群落+鸭子草群落，在水深 1.5 m～5 m 的水域，是鸟类第二觅食区。D. 芦苇群落+香蒲群落+交草群落+水葱群落，是鸟类的主要夜宿地。E. 杨树群落+耕地区域，为部分鸟类觅食区和活动区（图 5-2-4）。

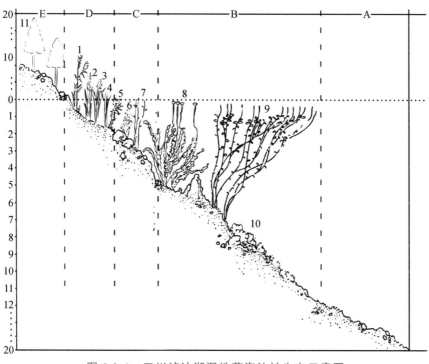

图 5-2-4　四川泸沽湖湿地草海植被生态示意图

注：1—芦苇；2—香蒲群落；3—交草群落；4—水葱群落；5—狐尾藻群落；
6—红线草群落；7—鸭子草群落；8—波叶海菜花群落；9—浮叶眼子菜群落；
10—丝状绿藻类群落；11—杨树

A—12～20 m　游禽休憩区　　　B—5～12 m　游禽觅食区（植物类群：8+9）
C—1.5～5 m　游禽觅食区（植物类群：5+6+7）　D—0～1.5 m　游禽夜宿区（植物类群：1+2+3+4）
E—陆上 20～0 m　游禽夜宿区（植物类群：11）

3. 泸沽湖湿地鸟类栖息地生境类型（表 5-2-3）

表 5-2-3　泸沽湖湿地鸟类栖息地生境类型

群落类型	盖度/%	季相	伴生种
黑山棱群落	90～100	夏季绿色，春冬季枯黄	水葱、芦苇、野慈姑
菰群落	80～100	夏季绿色，春冬季枯黄	水葱、千屈菜、中华水芹
芦苇群落	60～100	夏季绿色，花期紫色，春冬季枯黄	香蒲、柳叶菜、千屈菜、中华水芹、睡菜
水葱群落	80～90	夏季暗绿色，春冬季枯黄	蔍草、中间蔍草、芦苇、香蒲

续表

群落类型	盖度/%	季相	伴生种
李氏禾群落	20～90	夏季绿色，果期绿中间金黄色，春冬季枯黄	浮叶眼子菜
浮叶眼子菜群落	40～90	夏季绿色，其余季节黄绿色	金鱼藻、黄花狸藻、紫萍、野菱、黑藻、穗状狐尾藻、眼子菜科
紫萍群落	5～95	夏季绿色	浮叶眼子菜、金鱼藻、黄花狸藻
黄花狸藻群落	20～70	生长期绿色，花期绿中间金黄色	金鱼藻、浮叶眼子菜、紫萍
波叶海菜花群落	20～90	夏季绿色，花白色	
浅水区域			
杨树-芦苇交错区			

5.2.2.5　四川泸沽湖湿地鸟类栖息地评价

1. 四川泸沽湖湿地鸟类状况及对生境的利用

四川泸沽湖湿地记录鸟类为 49 种，隶属 11 目 15 科 30 属（附录 H）。记录候鸟 35 种，占总数的 71.43%，其中，冬候鸟 33 种，占总数的 67.35%；夏候鸟 2 种，占总数的 4.08%；留鸟 14 种，占总数的 28.57%。雁形目、鹳形目、鹤形目为记录物种最多的三个目，分别记录 23 种（46.94%）、5 种（10.20%）、4 种（8.16%）。国家Ⅰ类保护鸟类 2 种，占物种总数的 4.08%；国家Ⅱ类保护鸟类 4 种，占物种总数的 8.16%；四川省保护鸟类 5 种，占 10.20%。极危（CR）物种 1 种，即青头潜鸭，2012 年被世界自然保护联盟列为极危物种，全球仅存 500 只左右。濒危（EN）物种 1 种，近危（NT）物种 2 种，低危（LC）39 种，"三有"（*）鸟类 21 种。按照中国动物地理区划，四川省盐源县泸沽湖属于东洋界、西南区、西南山地亚区、川西南横断山脉过渡地带，其山脉、河流呈南北走向，使这些地区的鸟类区划中，种类差异较为显著，南北种类成分混杂。其中，分布于东洋界的鸟类有 6 种，占总数的 12.24%；分布于古北界的鸟类有 34 种，占总数的 69.39%；广泛分布于东洋界和古北界的广布型鸟类有 9 种，占总数的 18.37%。四川泸沽湖湿地自然保护区鸟类主要以冬季鸟类为主，为此，古北界的鸟类占了优势（附录 H）。

2015 年冬季，我们实际观察到四川泸沽湖湿地鸟类 22 种，其中，以鸭科（Anatidae）为主，有 6 个属，即雁属、麻鸭属、鸭属、狭嘴潜鸭属、潜鸭属、鹊鸭属等，共观察到 13 个种，占所观察记录鸟类总数的 59.09%。其次是鹤科，有 3 个属，即黑水鸡属、紫水鸡属、骨顶鸡属，共 3 个种，占总数的 13.64%；鸦科也有 3 个属，即鹊属、蓝鹊属、鸦属，也共有 3 个种，占总数的 13.64%。再次是鸊鷉科、鸬鹚科、鸥科，分别各有 1 属 1 种，各占总数的 4.54%。从数量上看，骨顶鸡（Fulica atra）为四川泸沽湖湿地鸟类个体数量最大的种类，是优势物种，我们观察记录数为 539 只。该物种不仅数量大，而且停留、栖息四川泸沽湖湿地的时间也最长，从 11 月初出现，直到第二年的 3 月中旬为止。其次是赤嘴潜鸭，观察记录数为 430 只，为第二个优势种。除以上 2 种优势种之外，赤麻鸭、灰雁、红头潜鸭、红嘴鸥也是泸沽湖湿地水鸟群落中的优势种，种群数量分别是 379 只、203 只、65 只、53 只。再次，其他常见种有小鸊鷉、绿头鸭、斑嘴鸭、赤膀鸭、赤颈鸭、黑水鸡、紫水鸡、斑头雁等。偶见种有普通鸬鹚、鹊鸭、白眼潜鸭等。在四川泸沽湖湿地边缘的林地中，还有喜鹊、大嘴乌鸦、红嘴蓝鹊等。

在群落的组成上，由 1992 年的 9 个科，下降到 2005 年的 7 个科，再下降到 2015 年的 6 个科。在属的水平上，由 1992 年的 18 个属，下降到 2005 年的 16 个属，再下降到 2015 年的 15 个属。在物种水平上，物种数由 1992 年实际调查的 34 种，下降到 2005 年和 2015 年的 22 种。对比 1992 年的调查、2005 年的调查，新增了夜鹭、大麻鳽、紫水鸡、凤头麦鸡、渔鸥等 5 个种；2015 年的调查，新增了斑头雁、青头潜鸭、喜鹊、红嘴蓝鹊、大嘴乌鸦等 5 个种，但喜鹊、红嘴蓝鹊、大嘴乌鸦不是严格意义上的湿地水鸟。1992 年调查记录的 6 个物种：东方白鹳、黑鹳、翘嘴麻鸭、白眉鸭、鸳鸯、棉凫，在 2005 年和 2015 年的两次调查中都没有记录到。在个体总数量上，由 1992 年调查的 18 730 只，下降到 2005 年的 4 430 只，再下降到 2015 年的 1 828 只。1992 年调查记录到：骨顶鸡和赤嘴潜鸭为四川泸沽湖湿地鸟类的最大优势种，这 2 个种的个体数量都超过了 5 000 只。2005 年的调查，赤嘴潜鸭为四川泸沽湖湿地鸟类的最大优势种（1 000 只），骨顶鸡为第二大优势种（500 只）。2015 年的调查，最大优势种变为了骨顶鸡（539 只），赤嘴潜鸭成为第二大优势种（430 只）（附录 H、I）。泸沽湖鸟类以浅水区域为主要休息区域，波叶海菜花群落区是鸟类最主要的觅食区

域；其次，杨树+芦苇交错区也是鸟类的觅食区域。泸沽湖湿地鸟类的栖息地主要是泸沽湖的大、小草海湿地，即黑山陵群落、菰群落、芦苇群落+浮萍群落等鸟类的夜宿地。每天早晨 7 时，泸沽湖湿地鸟类从这些夜宿地出来，到波叶海菜花群落区觅食，或在下午 5 时以后，在杨树+芦苇交错区觅食。为了避开人为干扰，泸沽湖鸟类一般会选择在距离居民点直线距离 500 m 以外的区域。

2. 四川泸沽湖湿地鸟类多样性呈下降趋势

四川泸沽湖湿地鸟类在个体总数量上，由 1992 年调查的 18 730 只，下降到 2005 年的 4 430 只，再下降到 2015 年的 1 828 只。从 Shannon-Wiener 物种多样性指数来看，1992 年最为丰富，多样性指数为 2.372 5；2005 年次之，多样性指数为 2.149 1；2015 年为最低，多样性指数为 1.925 8。这说明了在物种这个层次，四川泸沽湖湿地鸟类多样性在 30 年间，每 10 年呈现出明显下降趋势。从鸟类栖息环境来看，四川泸沽湖的草海湿地，由于草海受到污染，营养物、沉淀物堆积。加上旅游业的兴起，草海湿地周边建有大量人居房屋、酒店，并形成了村落化、街道化、市场化，而非过去分散的摩梭人家，因此造成草海面积萎缩。随泸沽湖旅游人数逐年上升，草海在 1992 年、2005 年没有专营旅游划船的村民，现在村民自发成立了草海划船旅游协会，负责草海、亮海的划船观光旅游。这已对草海的鸟类栖息地构成严重的影响。从多样性指数反映，这 30 年间，四川泸沽湖湿地鸟类多样性总体呈现下降趋势。泸沽湖作为国家重要湿地将受到严重影响，申报国际重要湿地的标准正在逐步丧失。

3. 四川泸沽湖国家保护鸟类下降，急需建立鸟类保护区

四川泸沽湖湿地鸟类调查结果显示，共记录鸟类 49 种，隶属 11 目 15 科 30 属；其中，留鸟 14 种，冬候鸟 33 种，夏候鸟 2 种；东洋界 6 种，古北界 34 种，广布种 9 种。国家 I 类保护鸟类 2 种，占物种总数的 4.08%；国家 II 类保护鸟类 4 种，占物种总数的 8.16%；四川省保护鸟类 5 种，占 10.20%。极危（CR）物种 1 种，濒危（EN）物种 1 种，近危（NT）物种 2 种，低危（LC）39 种。但是，2005 年和 2015 年这 2 次调查中，国家 I 类保护的鸟类——东方白鹳、黑鹳，没有调查到。国家 II 类保护的鸟类鸳鸯、灰鹤等也未观察到。各类濒危、近危、低危的湿地鸟类逐年下降。四川泸沽湖湿地核心区也逐年萎缩。2015 年我们在四川泸沽湖发现了青头潜

鸭，它被世界自然保护联盟列为极危物种，全球仅存 500 只左右。泸沽湖湿地仍是南方鸟类的重要栖息地，急需在泸沽湖建立湿地鸟类保护区。

5.3 拦截净化功能

5.3.1 总的要求

5.3.1.1 调查内容

调查泸沽湖湖滨带分布特点及其净化功能。

5.3.1.2 调查方式

（1）文献查阅和资料收集，获取其他湖泊相似于泸沽湖湖滨带湿地的净化效率或人工湿地实验数据，类比法获得 TP、TN 和 COD_{Cr} 的平均去除率。

（2）实地监测法

■ 监测点位：小草海（进水口、出水口）。

■ 监测指标：TP、TN 和 COD_{Cr}。

■ 监测时段及频次：2014 年 7—9 月，1 次/周。采集入湿地的潜流里混合水样和出水的混合水样。

5.3.2 调查情况及结果

2014 年 7—9 月对泸沽湖小草海入口、湖心以及出口三个点位进行了 10 次水样采集、检测。7—8 月为泸沽湖雨季，草处于生长旺季，但出水口水流不大。小草海入水为浸润方式，无明显的入水口；小草海周边鱼塘较多，有 26 户，池塘面积多为 0.5～1 亩，结合小草海这些具体情况，采样点设为小草海进水口、湖心、出水口。采样主要采中层水。

每次测定结果见附录 J，小草海周边环境及采样活动见附录 S。

通过对小草海 10 次采样测定，其各指标变化汇总情况见表 5-3-1、表 5-3-2、表 5-3-3、表 5-3-4。

表 5-3-1　小草海总磷测定结果汇总

序号	测定时间	单位	小草海入口	小草海中心区域	小草海出口
1	2014.07.07	mg/L	0.01	0.068	0.046
2	2014.07.27	mg/L	0.49	0.044	0.089（A）; 0.048（B）
3	2014.08.04	mg/L	0.043	0.021	0.117
4	2014.08.12	mg/L	0.017	0.022	0.037
5	2014.08.19	mg/L	0.017	0.022	0.037
6	2014.08.26	mg/L	ND	0.035	0.014
7	2014.09.04	mg/L	0.010	0.023	0.031
8	2014.09.11	mg/L	ND	0.014	0.013
9	2014.09.18	mg/L	0.016	0.012	0.027
10	2014.09.25	mg/L	0.029	0.029	0.112

由表 5-3-1 可知，参照地表水水质标准，按湖、库总磷标准看，小草海水质处于Ⅱ～Ⅲ类水，小草海入口、中心区域、出口三处总磷变化不大，甚至有含量增大的趋势。

102

表 5-3-2　小草海总氮测定结果汇总

序号	测定时间	单位	小草海入口	小草海中心区域	小草海出口
1	2014.07.07	mg/L	ND	0.89	0.779
2	2014.07.27	mg/L			
3	2014.08.04	mg/L			
4	2014.08.12	mg/L			
5	2014.08.19	mg/L	1.606	1.412	1.422
6	2014.08.26	mg/L	2.841	0.718	0.473
7	2014.09.04	mg/L	2.106	0.269	0.361
8	2014.09.11	mg/L	1.137	0.433	0.468
9	2014.09.18	mg/L			
10	2014.09.25	mg/L			

由表 5-3-2 可知，参照地表水水质标准，按总氮标准看，小草海水质入水口处于Ⅲ～Ⅴ类，变化较大；小草海中心区域和出口处水质处于Ⅰ～Ⅱ类。小草海入水口到中心区域总氮含量降低较大，具有净化效果；而小草海中心区域到小草海出口总氮变化不大。

表 5-3-3　小草海氨氮测定结果汇总

序号	测定时间	单位	小草海入口	小草海中心区域	小草海出口
1	2014.07.07	mg/L	ND	0.436	0.315
2	2014.07.27	mg/L	0.185	0.143	0.104（A）；0.257（B）
3	2014.08.04	mg/L	0.198	0.188	0.110
4	2014.08.12	mg/L	0.042	0.430	0.259
5	2014.08.19	mg/L	0.042	0.430	0.259
6	2014.08.26	mg/L	0.034	0.371	0.274
7	2014.09.04	mg/L	0.037	0.180	0.259
8	2014.09.11	mg/L	0.037	0.228	0.338
9	2014.09.18	mg/L	ND	0.111	0.259
10	2014.09.25	mg/L	ND	0.191	0.344

由表 5-3-3 可知，参照地表水水质标准，按氨氮标准看，小草海水质处于Ⅰ～Ⅱ类，小草海入口、中心区域、出口三处氨氮变化不大，甚至有含量增大的趋势。

表 5-3-4　小草海高锰酸盐指数测定结果汇总

序号	测定时间	单位	小草海入口	小草海中心区域	小草海出口
1	2014.07.07	mg/L	1.82	5.89	5.57
2	2014.07.27	mg/L	6.95	6.92	7.15（A）；8.08（B）
3	2014.08.04	mg/L	7.72	6.75	6.62
4	2014.08.12	mg/L	1.53	8.28	7.31

序号	测定时间	单位	小草海入口	小草海中心区域	小草海出口
5	2014.08.19	mg/L	1.53	8.28	7.31
6	2014.08.26	mg/L	0.69	7.27	6.85
7	2014.09.04	mg/L	0.89	6.46	7.05
8	2014.09.11	mg/L	0.77	6.18	6.69
9	2014.09.18	mg/L	0.89	5.74	6.69
10	2014.09.25	mg/L	1.66	7.31	7.51

由表 5-3-4 可知，参照地表水水质标准，按高锰酸盐指数标准看，小草海入水口水质多处于Ⅰ类，变化较大；小草海中心区域和出口水质处于Ⅱ~Ⅲ类，两处含量变化不大。

整体看，小草海入水口水质优于中心区域和出口，整体水质处于Ⅱ~Ⅲ类。小草海出入口几项指标不容乐观，去除率不高，即拦截净化率不高。分析其原因，主要在于受自然环境和人为干扰因素的影响。

（1）自然环境影响。泸沽湖小草海为近封闭式，除雨季有少量的水体流出进入泸沽湖亮海，其余大部分时间为停滞水体；其出口不远处有一泉水，干旱季节有少量的泉水会倒灌入小草海。2014 年 7—9 月，对小草海出水口测定得知其水口宽 20cm，深 10~11cm；出水量测定在 7 月、9 月时间段水流呈停滞状态，仅在 8 月采样时间段有一定水流流出，具体流速分别为 0.38 m/s、0.8 m/s、0.52 m/s、0.4 m/s，每小时水流量分别为 27.36 m^3、57.6 m^3、337.44 m^3、28.8 m^3。

（2）人为干扰因素。小草海周边居家户较多，建有十几家农家乐，生活污水会对小草海造成污染；同时小草海周边建有大量鱼塘，多达 26 户，池塘多为 0.5~1 亩，多利用小草海的草进行草鱼养殖，常引用小草海的水入池塘，池塘不排水入小草海，但雨季有池塘水满后溢入小草海现象；此外小草海周边农户有养殖鸭、鹅等现象，每户养殖有十来只，鸭、鹅放入小草海，对小草海亦有污染。

这些情况都需要地方主管部门监控。

5.4　水产供给功能

5.4.1　总的要求

5.4.1.1　调查内容

调查鱼类产量、波叶海菜花产量，主要指标包括单位水产品产量、水产品尺寸及水产品质量等。

5.4.1.2　调查方式

鱼类调查采用问卷调查和访谈的方式，通过问卷调查获取单位鱼类产量、尺寸、质量和价格等，以及公众对鱼类质量的满意度，用以衡量鱼类质量的好坏。调查可分为两个层次，第一层从村的角度首先对整个村的鱼类产量和质量进行整体调查；第二层针对第一层得到的信息，再对单个渔民进行调查，以充分获取泸沽湖鱼类产量和质量信息。

5.4.1.3　调查时段及频次

2014 年、2015 年、2016 年进行更新调查，每年 1 次。

5.4.2　调查情况及结果

泸沽湖盛产鱼虾等水产品，捕鱼捞虾成为沿湖人们的重要产业。目前，泸沽湖的水产品主要为鲤鱼、鲫鱼、草鱼、银鱼、小杂鱼、牛蛙、河蚌、蜻蜓幼虫（水蚤）等。通过查阅资料和对渔民进行调查得知，20 世纪 60 年代泸沽湖鱼类产量较大，1966 年时鱼类产量最高，达 500 t[30]；70 年代中期，年产量可达 200 t 左右；进入 80 年代，年产量降到 40 ~ 50 t（资料来源：盐源县志编纂委员会. 盐源县志. 成都：四川民族出版社，2000）；90 年代以后，未查到相关鱼产量的资料。我们调查资料显示 2016 年鲤鱼年捕捞量 30 ~ 50 t，规格以 1 ~ 1.5 kg/尾为主，规格大的可达 9 ~ 10 kg/尾，0.5 kg/尾以下的基本不捕捞；鲫鱼年捕捞量 15 ~ 30 t，规格以 50 ~ 100 g/尾为主，其次为 150 ~ 200 g/尾，规格大的可达 250 ~ 300 g /尾，但数量少；草鱼年捕捞量初步估计在 1 t 左右，规格以 1~2.5 kg/尾为主，大的可达 20~25 kg/尾；银鱼 2015 年捕捞量（湿重）达 45~70 t，2016 年无。泸沽湖周边池塘养殖鱼类年总产量为 35~40 t，主要以草鱼为主。泸沽湖湖鱼除了渔民及周边村民自食外，由于近些年旅游业的快速发展，更多的是提供给酒店为游客食用。如赵家湾从事鱼类加工销售的饭店较多，木垮村渔民捕捞的鱼在泸沽湖边就常被消费者直接购买走，或现场加工供消费者食用。

泸沽湖镇从事水产品销售的商户有两家，规模都不大，均分布在泸沽湖镇菜市场。主要销售品种为鲤鱼，偶尔有草鱼销售；销售规格多为 0.5~1.5 kg/尾，以 1.0 kg/尾左右为主。销售的鱼都是从外地如盐源县或西昌市运来；销售量多为每家 25~30 kg/d，年总销售量为 18~22 t。

泸沽湖周边地区对鱼类需求量很大，泸沽湖（四川省部分）周边建有众多酒店、客栈，据不完全统计，有酒店、客栈 143 余家，其中标明以餐饮酒店为主的有 38 家。若按每家店消费鱼类 250~400 kg/年计算，酒店、客栈每年对鱼的需求量为 36~57 t。

烤鱼干是用泸沽湖特产的一种叫巴鱼的鱼，把鱼剖开或腹部切一小口，取出内脏，撒上盐、花椒和五香粉，置于火塘上或铁锅内缓慢烤干而制成的。食用时将鱼干在炭火上烤熟或用清油炸酥，味道香脆可口，是直接佐酒的菜品，用以煮汤则乳白色的汤汁香味浓郁，口感极佳，营养丰富。现泸沽湖小杂鱼和鲫鱼也常被用于外地游客烧烤食用。牛蛙属于引进品种，能自行繁殖，当地人没有消费牛蛙的习性，在大草海和小草海中分布很多；目前牛蛙主要用于为外地游客烧烤食用。河蚌、蜻蜓幼虫（水蛋）也常为外地游客烧烤食用。水产品用于烧烤主要集中分布于泸沽湖走婚桥、赵家湾、木垮、落洼等几个地方。

通过公众对鱼类质量满意度的问卷调查分析，公众对泸沽湖鱼类质量满意，对价格普遍认为偏贵。泸沽湖水质优良，湖鱼生长较慢，品质好，土腥味少或无，故公众对泸沽湖鱼类质量是满意的。鲤鱼从渔民处收购，价格多为 50~60 元/kg，餐馆销售价多为 120~160 元/kg 不等，且泸沽湖四川区域的湖鱼多被云南区域的酒店、餐馆收购了。泸沽湖四川区域的酒店、餐馆所售鲤鱼 60~80 元/kg，往往是外地运来的而不是泸沽湖湖鱼。泸沽湖常见水产品还有贝类等（图 5-4-1）。

图 5-4-1   泸沽湖水产品

5.5   人文景观功能

5.5.1   总的要求

5.5.1.1   调查内容

调查当地旅游业总产值和公众对人文景观的满意度。要点与指标：旅游人口数、旅游业总产值、综合经济指标、公众满意度。

5.5.1.2   调查方式

旅游人口数、旅游业总产值和综合经济指标主要通过当地各级政府、泸沽湖管理委员会获取。

公众满意度采用问卷调查的方式，统计公众对景观的满意度，问卷调查份数为 70 份。

5.5.1.3　调查时段及频次

2014 年、2015 年、2016 年进行更新调查，每年 1 次。

5.5.2　调查情况及结果

5.5.2.1　实地调查成果

对当地旅游人口数、旅游业总产值、综合经济指标等的调查成果见第 2 和第 3 章内容。

5.5.2.2　问卷调查成果

2016 年 8 月 21—25 日调查小组对泸沽湖旅游区人文景观的满意度进行问卷调查，这次问卷调查总共发放了调查问卷 70 份，收回 64 份，回收率 91.43%。回收的 64 份调查问卷中有 4 份为废卷，有效问卷 60 份，有效率达到 93.75%。

调查问卷设计模版见附录 K。

在 60 份有效问卷的随机调查中本地户籍居民有 16 人，占比约 26.67%；本地暂住居民有 12 人，占比 20%；旅游者 28 人，占比约 46.67%；其他身份者 4 人，占比约 6.67%。

被调查者的文化程度相对较高，其中大学本科以上者 23 人，占比约 38.33%；大专、中专文化程度者 18 人，占比 30%；高中文化程度者 9 人，占比 15%；初中及以下者 10 人，占比约 16.67%。在这次随机问卷调查中大专中专文化程度以上者达 68.67%，成为调查的主流，主要以旅游者和本地暂住居民居多，而高中文化程度以下者以本地户籍居民和其他身份者为主，说明到泸沽湖旅游者及外来务工经商者的文化程度相对较高。

在来泸沽湖主要目的的选项调查中，以旅游度假者居多，有 39 人，占比 65%；科学考察者 4 人，占比约 6.67%；商务需求者 9 人，占比 15%；其他项者 9 人，占比 15%。回答商务需求者的身份主要是本地暂住居民，而回答其他项者几乎全部是本地户籍居民。

在泸沽湖旅游资源景观吸引力的多选项中（表 5-5-1），超过半数以上被调查者认为泸沽湖景区最有吸引力的景观依次是高原湖泊、独特的民族文化、民俗民居、环境空气质量优良和水质优良，其次为森林和山峦、湿地，占比分别是约 26.67% 和 23.33%，风味饮食和动植物资源丰富占比约为 13.33% 和 11.67%。说明大多数旅游者是被泸沽湖美丽的高原湖泊风光和其独特的民族地方文化所吸引而来的，这也正是泸沽湖旅游景区的优势所在。

表 5-5-1　泸沽湖旅游景观吸引力多选项调查问卷统计

旅游资源选项	回答人数/人	回答人数占比/%
高原湖泊	37	61.67
独特的民族文化、民俗民居	37	61.67
环境空气质量优良	34	56.67
水质优良	30	50
森林和山峦	16	26.67
湿地	14	23.33
风味饮食	8	13.33
动植物资源丰富	7	11.67
其他	0	0

回答对泸沽湖的第一印象选项中，约 33.33%（20 人）的被调查者认为"比想象中的要好得多"，约 26.67% 认为"比想象中的稍好点"，约 31.67% 认为"与想象中的差不多"，约 8.33%（5 人）的被调查者认为没有想象中的好，可以接受，没有人选"差得很远，来后很失望"这一选项。说明泸沽湖旅游景区给旅游者的第一印象是非常好的。

第三项调查选项中，对泸沽湖旅游区自然景观（湖、山、森林、湿地等）的总体评价认为"好"的有 24 人，占 40%；认为"较好"的有 26 人，约占 43.33%；认为"一般"的有 10 人，约占 16.67%；认为"差"和"极差"的没有。说明被调查者对泸沽湖旅游景区自然景观的总体评价较高，认为好和较好的被访问者超过 83%。

在对泸沽湖水环境质量的总体评价调查项中，认为"好"的有 18 人，占调查人数的 30%；认为"较好"的 21 人，占调查人数的 35%；认为"一般"的 20 人,约占调查人数的 33.33%;认为"差"的有 1 人,约占比 1.67%;没有人认为"极差"。总体而言,对泸沽湖水环境质量的评价还是比较高的,认为"好"和"较好"的人数达到 65%,不过,与对泸沽湖旅游区自然景观(湖、山、森林、湿地等)的总体评价相比还是低了一些,对泸沽湖水环境质量的保护要引起相关管理部门的重视。

在旅游服务设施与自然景观协调性(如景观小品、客栈宾馆等)调查中,认为"好"的有 19 人,占比约 31.67%;认为"一般"的有 33 人,占比高达 55%;认为"不好,影响了自然景观美感"的有 8 人,占比约 13.33%。这项调查的得分相对较低,说明泸沽湖旅游区的服务设施配套相对落后,不能满足旅游者的需要。

第六项调查主要是针对被问卷调查者在泸沽湖旅游的总体消费情况的,由被调查者自己填写。通过统计,未做出回答者有 34 人,占比约 56.67%,这部分未回答者主要是本地户籍居民、本地暂住居民和其他身份者,对在泸沽湖的个人旅游消费很难做出回答。回答 2 000 元及以上至 4 000 元者 11 人,占比约 18.33%;回答 1000 元及以上至 2 000 元(不含 2 000 元)者 11 人,占比约 18.33%;回答 1000 元以下(不含 1 000 元)者 4 人,占比约 6.67%。做出回答者在泸沽湖的旅游消费主要在 1 000～2 000 元。

第七项调查结果如表 5-5-2 所示,在泸沽湖景区游客最喜欢的旅游活动是"划船",参与人数占比达到 61.67%,其次为"篝火晚会",人数占比 36.67%,"徒步和登山"与"游览湿地"两项参与人数相同,人数占比约为 33.33%,其余四项选项参与者较少,尤其是"观鸟"和"其他"两项参与者特别少,在泸沽湖景区没有优势。说明到泸沽湖旅游的游客主要是白天通过划船活动游览泸沽湖亮海和草海的湖光山色,晚上参加篝火晚会领略泸沽湖地区浓郁的地方文化以及独特的民族风情。

表 5-5-2 在泸沽湖旅游区游客最喜欢的两项活动统计表

旅游项目	划船	骑马	参观家庭/村庄	篝火晚会	徒步和登山	观鸟	游览湿地	其他
参与人数/人	37	11	12	22	20	5	20	3
占总人数比/%	61.67	18.33	20	36.67	33.33	8.33	33.33	5

第八项调查泸沽湖旅游区环保设施对泸沽湖环境保护的效果如何(如湿地工程、污水和垃圾处理等),回答"好"的只有 4 人,占比约 6.67%;

回答"较好"的有 14 人，占比约 23.33%；回答"一般"的有 32 人，占比约 53.33%；回答"差"者有 6 人，占比 10%；回答"极差"者有 4 人，占比约 6.67%。这项调查结果说明泸沽湖旅游区环保设施对泸沽湖环境保护的效果不够理想，尤其是本地户籍居民和本地暂住居民，他们长期居住本地，感同身受，对本地的环境保护了解最深，反应最为激烈，大多数都回答"差"和"极差"这两项，这需引起当地政府管理部门的关注。

从表 5-5-3 可知，对"泸沽湖景区人文景观""泸沽湖气候舒适度""泸沽湖景象组合"的回答满意度都非常高，说明泸沽湖的旅游景观非常吸引游客，大力发展旅游业具有明显的产业优势和区位优势。

表 5-5-3　对泸沽湖旅游区景观满意度的调查统计表

调查选项		满意	较满意	一般	不满意	很差
您对泸沽湖景区人文景观满意吗	回答人数	24	22	14	0	0
	占比/%	40	36.67	23.33	0	0
您认为泸沽湖气候舒适度	回答人数	27	20	13	0	0
	占比/%	45	33.33	21.67	0	0
您认为泸沽湖景象组合	回答人数	21	22	16	0	1
	占比/%	35	36.67	26.67	0	1.67

由表 5-5-4 的统计结果可知，被调查者对"泸沽湖美学观赏价值"和"泸沽湖科考价值"的评价很高，回答"很高""较高"和"高"者达到或将近 90%，而对"泸沽湖康娱价值"的评价要相对低一些，回答"很高""较高"和"高"者只有 55%，评价"一般"和"较低"者达到 45%。

表 5-5-4　泸沽湖旅游区生态价值评价调查统计表

调查选项		很高	较高	高	一般	较低	很低
您认为泸沽湖美学观赏价值	回答人数	20	22	12	6	0	0
	占比/%	33.33	36.67	20	10	0	0
您认为泸沽湖康娱价值	回答人数	9	15	9	23	4	0
	占比/%	15	25	15	38.33	6.67	0
您认为泸沽湖科考价值	回答人数	18	25	10	6	1	0
	占比/%	30	41.67	16.67	10	1.67	0

从表5-5-5和表5-5-6的统计结果可知，被调查者对"泸沽湖湖滨带生态建设状况"和"泸沽湖污染治理状况"的回答满意度相对较低，回答"一般""不满意"和"很差"者超过或接近50%。对"泸沽湖景点保护度"和"泸沽湖社区人口环保意识"的评价也不是很高，回答"一般""较低"和"很低"者也超过或将近50%。总之，被访问者对泸沽湖旅游区的环保建设力度和社区环保意识的认同度相对较低，这需引起相关管理部门的高度重视，加强社区环保意识的宣传，加大泸沽湖景区的生态建设和环境治理力度，以满足旅游发展的需要。

表 5-5-5　泸沽湖旅游区环保工作满意度调查统计表

调查选项		满意	较满意	一般	不满意	很差
您认为泸沽湖湖滨带生态建设状况	回答人数	14	17	24	2	3
	占比/%	23.33	28.33	40	3.33	5
您认为泸沽湖污染治理状况	回答人数	9	12	29	7	3
	占比/%	15	20	48.33	11.67	5

表 5-5-6　泸沽湖旅游区生态保护和环保意识评价调查统计表

调查选项		很高	较高	高	一般	较低	很低
您认为泸沽湖景点保护度	回答人数	14	12	7	22	4	1
	占比/%	23.33	20	11.67	36.67	6.67	1.67
您认为泸沽湖社区人口环保意识	回答人数	8	11	9	20	9	3
	占比/%	13.33	18.33	15	33.33	15	5

6

人类影响活动调查

6.1　污染负荷调查

6.1.1　调查内容

1. 农业源

（1）农业径流：调查流域耕地面积、农业生产情况、农作物种植情况、农田耕作方式、降雨及农田灌溉情况、农药化肥使用情况、农作物秸秆、农膜使用情况等。

（2）畜禽养殖：调查畜禽养殖种类及数量、养殖方式、畜禽排放的粪尿量、粪尿使用率、污水处理能力和工艺等。

（3）水产养殖：调查水产养殖规模及不同养殖类型年产量等。

2. 生活源

（1）旅游生活污染：具有一定规模的住宿业、餐饮业、居民服务和其他服务业，排污单位基本情况包括第三产业单位注册的基本登记信息、宾馆床位数，各类污染物的产生、排放情况，污染治理情况（处理规模、处理工艺）等。

（2）居民生活污染：村庄和集镇生活污水、生活垃圾、家养畜禽粪尿排放量的调查。调查人口数量、生活能源结构及其消费量、生活供水量、污染物产生及其处理排放情况，排水量及污染物浓度等。

3. 集中式污染治理设施

污水处理厂、垃圾处理厂（场）等。包括单位基本信息、名称、代码、位置信息、联系方式等；污染治理设施建设与运行情况；能源消耗、污染物处理、处置和综合利用情况；二次污染的产生、治理、排放情况；污染物排放量和监测数据等。

6.1.2　调查范围

泸沽湖流域四川部分。

6.1.3　调查方式

1. 农业源

采取面上调查和分类抽样实地监测相结合的方式，结合全国第一次农业源普查成果、有关农业统计资料、产排污系数，测算农业面源污染情况。

2. 生活源

第三产业中的调查单位采取面上对基本情况进行调查，结合分类抽样监测与排污系数测算的方法核定污染物排放量。

3. 居民生活污染调查

根据统计人口、生活用水量、能源结构和消耗量，通过排污系数测算污染物的排放量。

6.1.4　调查时段及频次

2014 年状况，2016 年进行更新调查，补充 2015 年、2016 年数据（表 6-1-1）。

表 6-1-1　泸沽湖镇农业主要能源及其消耗统计表

统计项目	单位	数量
农村用电量	10^4 kW·h	167
农用化肥施用量（折吨）	t	136
其中：氮肥	t	62
磷肥	t	19
钾肥	t	
复合肥	t	56
农用塑料薄膜使用量	t	25
其中：地膜使用量	t	25
地膜覆盖面积	hm^2	960
农用柴油使用量	t	13
农药使用量	t	1
25°坡耕地	hm^2	85

2016 年空气质量一级天数占全年天数的 99.5%；空气中二氧化硫、二氧化氮、可吸入颗粒、一氧化碳、氟化物年均浓度值及大气颗粒物中铅、苯芘含量均达到或超过国家一级标准。生活污水处理率达到 95.6%，生活垃圾无害化处理率达到 98%（表 6-1-2）。

表 6-1-2　泸沽湖镇污水收集、处理与排放情况调查表

调查项目		单位	数量
城镇面积		km²	283
常住人口		万人	1.5
年均旅游人数		万人	
宾馆床位数		床	
综合生活用水量		t/d	1 000
生活污水排放量		t/d	1 000
生活污水接管率		%	80
集中污水处理规模	一级处理量	t/d	800
	处理工艺		AAO 法+人工湿地
	生活污水平均浓度	mg/L	
	二级处理量	t/d	800
	处理工艺		AAO 法+人工湿地
	生活污水平均浓度	mg/L	
	总量	t/d	800
分散污水处理规模	一级处理量	t/d	200
	处理工艺		化粪池
	生活污水平均浓度	mg/L	
	二级处理量	t/d	
	处理工艺		
	生活污水平均浓度	mg/L	
	总量	t/d	200
处理达标排放量		t/d	800

续表

调查项目		单位	数量
污染物达标排放量	COD$_{Cr}$	kg/d	0.024
	BOD$_5$	kg/d	
	总磷	kg/d	0.000 16
	氨氮	kg/d	0.006 4
	SS	kg/d	
再生利用量	农业	t/d	200
	工业	t/d	0
	景观	t/d	0
	总量	t/d	200
城镇生活污水集中处理率		%	80
环湖农村生活污水集中处理率		%	80
农村垃圾收集处理率		%	90

6.2 水土资源利用状况调查

6.2.1 调查内容

土地利用状况：流域土地面积、耕地面积、村镇面积、园地面积等土地利用状况。

土壤侵蚀：土地面积、植被覆盖度，不同侵蚀程度的面积及侵蚀量。

水资源利用：水资源利用及人均水资源占有量，流域内的水资源变化情况。

6.2.2 调查范围

泸沽湖流域四川部分，20 世纪 80 年代、90 年代以及 2000 年以来各指标情况。

6.2.3　调查方式

土地利用状况、土壤侵蚀：采用现场勘查和资料收集分析，20 世纪 80 年代以来土地利用变化。

水资源利用：收集盐源县水利部门相关资料，以及海门水文站多年水文数据。

6.2.4　调查时段及频次

2014 年状况，2016 年进行更新调查，补充 2015 年、2016 年数据。

参考文献

[1] HESTER M W. Batzer and Sharitz-Ecology of freshwater and estuarine wetlands ecology[J]. Ecology，2008，89：589-590.

[2] 程志，郭亮华，王东清，等. 我国湿地植物多样性研究进展[J]. 湿地科学与管理，2010，6（2）：53-56.

[3] 马安娜，张洪刚，洪剑明. 湿地植物在污水处理中的作用及机理[J]. 首都师范大学学报（自然科学版），2006，27（6）.57-62.

[4] 李冬林，王磊，丁晶晶，等. 水生植物的生态功能和资源应用[J]. 湿地科学，2011，9（3）：290-295.

[5] 谢雯颖，杨晓娜. 挺水植物对水体水质的净化作用研究进展[J]. 南方农业，2014，8（30）：77-80.

[6] 中国城市规划设计院. 四川省泸沽湖总体规划[R]，2005.

[7] 云南省环境保护厅. 云南省九大高原湖泊 2011 年四季度水质状况及治理情况公告[EB/OL]. http：//www.ynepb.gov.cn/xxgk/read. aspx?newsid=11694，2012.

[8] 李菀劼，李天安. 泸沽湖水资源平衡分析[J]. 西南师范大学学报（自然科学版）.2009，34（2）：85-88.

[9] 李恒，徐延志. 泸沽湖植被考察[J]. 云南植物研究，1979，1（1）：125-137.

[10] 阳小成. 泸沽湖的水生植被[J]. 重庆师范学院学报（自然科学版），1993，10（2）：84-88.

[11] 周聪，金华，蒋晔，等. 四川省泸沽湖植被类型多样性及其保护对策[J]. 四川林业科技，2010，31（1）：81-84.

[12] 谭志卫，董云仙. 泸沽湖水生植被现状[J]. 环境科学导刊，2011，30（6）：26-32.

[13] 罗建宁，肖永林，苏俊周，等. 滇池湖盆沼泽化与泥炭堆积的模式[J]. 岩相古地理，1988，33（1）：1-11.

[14] 尹善春. 泥炭沼泽的形成和演化[J]. 煤田地质与勘探，1992，20（1）：3-8.

[15] 中国科学院植物研究所. 中国植物志（电子版）[DB/OL]. http：//frps.eflora.cn/，2004.

[16] 陈耀光，马欣堂，杜玉芬，等. 中国水生植物[M]. 郑州：河南科学技术出版社，2012.

[17] 中国植被编辑委员会. 中国植被[M]. 北京：科学出版社，1980：682-697.

[18] 吴征镒. 中国种子植物属的分布区类型[J]. 云南植物研究，1991，13（S4）：1-139.

[19] 杨红，郑璐，马金华. 四川邛海湖湿地水生维管束植物的现状调查[J]. 基因组学与应用生物学，2009，28（5）：946-950.

[20] 余国营，刘永定，丘昌强，等. 滇池水生植被演替及其与水环境变化关系[J]. 湖泊科学，2000，12（1）：73-80.

[21] 吴振斌，陈德强，邱东茹，等. 武汉东湖水生植被现状调查及群落演替分析[J]. 重庆环境科学，2003，25（8）：54-58.

[22] 于洋，张民，钱善勤，等. 云贵高原湖泊水质现状及演变[J]. 湖泊科学，2010，22（6）：820-828.

[23] 项希希，吴兆录，罗康，等. 人为干扰对滇池湖滨区湿地高等植物种类组成的影响[J]. 应用生态学报，24（9）：2457-2463.

[24] 陈书琴，许秋瑾，胡社荣，等. 湖泊水生植物管理方案探讨[J]. 环境污染与防治，2006，28（9）：707-710.

[25] 李亚威. 大型植物过量生长型的富营养化湖泊——乌梁素海[J]. 内蒙古环境保护，2002，14（2）：3-6.

[26] 戴全裕. 云南抚仙湖、洱海、滇池水生植被的生态特征[J]. 生态学报，1985，5（4）：324-335.

[27] 杨赵平，张雄，刘爱荣. 滇池水生植被调查[J]. 西南林学院学报，2004，24（1）：27-30.

[28] 周虹霞，孔德平，范亦农，等. 滇池大型水生植物研究进展[J]. 环境科学与技术，2013，36（12）：187-194.

121

[29] 陈宜瑜,张卫,黄顺友.1982.泸沽湖裂腹鱼类的物种形成[J].动物学报,28(3):217-224.

[30] 孔德平,陈小勇,杨君兴.泸沽湖鱼类区系现状及人为影响成因的初步探讨[J].动物学研究,2006,27(1):94-97.

[31] 王幼槐,庄大栋,高礼存.云南高原泸沽湖裂腹鱼类三新种[J].动物分类学报,1981,6(3):328-331

[32] 陈宜瑜,马克平,康乐,等.中国生物多样性保护与研究进展[M].北京:气象出版社,2004:167-173.

[33] 刘成汉.四川鱼类区系的研究[J].四川大学学报,1964(2):95-138.

[34] 李达琳,李耕冬.未解之谜:最后的母系部落[M].成都:四川人民出版社,1996:6.

[35] 万晖,郭来喜.泸沽湖区特殊自然社会生态系统的危机因素及调控途径[J].长江流域资源与环境,1997,8:211-215.

[36] 尹绍亭.文化生态与物质文化[M].昆明:云南大学出版社,2007:19-36.

[37] 李学江.生态文化与文化生态论析[J].理论学刊,2004,10:118-120.

[38] 裴盛基,龙春林.应用民族植物学[M].昆明:云南民族出版社,1998:70-86.

[39] 龙春林,王洁如.参与性农村评估的原理方法与应用[M].昆明:云南科技出版社,1996:1-51.

[40] 和中华.生存和文化的选择[M].昆明:云南教育出版社,2000.

[41] 万晖.泸沽湖自然生态系统结构研究[J].地理学与国土研究,1998,2:51-54.

[42] 李英南,赵晟,王忠泽.泸沽湖特有水生生物的保护初探[J].云南环境科学,2000,6:39-41.

[43] 左辉,李嘉华.摩梭文化习俗影响下的摩梭民居[J].全球化与地域建筑文化,2007,1:79-82.

[44] 吴晶.摩梭人的民俗与服饰文化[J].四川戏剧,2003,5:51-52.

[45] 杨玉, 赵德光. 试论神山森林文化对生态资源的保护作用[J]. 中央民族大学学报（自然科学版）, 2004, 11: 364-368.

[46] 艾怀森, 周鸿. 云南高黎贡山神山森林及其在自然保护中的作用[J]. 生态学杂志, 2003, 22（2）: 92-96.

[47] 龙春林, 张方玉, 裴盛基, 等. 云南紫溪山彝族传统文化对生物多样性的影响[J]. 生物多样性, 1999, 8: 245-249.

[48] 徐斌. 现代社会对泸沽湖摩梭文化的冲击[J]. 中央民族大学学报（哲学社会科学版）, 2006, 4: 45-49.

[49] 吕一飞, 郭颖. 论泸沽湖摩梭人文化保护区的建立[J]. 旅游学刊, 2001, 1: 62-66.

[50] 赵文. 水生生物学[M]. 北京: 中国农业出版社, 2005.

[51] 胡鸿钧, 魏印新. 中国淡水藻类（系统、分类及生态）[M]. 北京: 科学出版社, 2006.

[52] 何志辉. 中国湖泊和水库的营养分类[J]. 大连水产学院学报, 1987（1）: 1-10.

[53] 张石文, 董云仙. 滇池、洱海、泸沽湖浮游植物研究综述[J]. 环境科学导刊, 2014, 33（4）: 13-18.

[54] 董云仙, 谭志卫, 郭艳英. 泸沽湖浮游植物的初步研究[J]. 水生态学杂志, 2012, 33（3）: 46-52.

[55] 董云仙, 王忠泽. 泸沽湖表层水体浮游动物种群结构及季节变化[J]. 水生态学杂志, 2014, 35（6）: 38-45.

[56] 张雅琼. 泸沽湖水资源现状及可持续管理的措施[J]. 宁夏农林科技, 2014, 55（3）: 53-55.

[57] 张俊, 李俊. 泸沽湖湖滨带（云南境内）生态修复技术探讨[J]. 环境科学导刊, 2016, 35（5）: 23-26.

[58] 赵文. 养殖水域生态学[M]. 北京: 中国农业出版社, 2010.

[59] 沈韫芬, 等. 微型生物监测新技术[M]. 北京: 中国建筑工业出版社, 1990.

[60] 杨岚, 等. 云南水禽资源的调查研究[J]. 动物学研究, 1988, 9（增刊）: 23-31.

[61] 吴金亮，等. 滇西高原湖泊越冬水禽调查[J]. 云南环保，1985，3：15-20.

[62] 崔学振，等. 泸沽湖、邛海越冬湿地鸟类调查[J]. 四川动物，1992，11（4）：27-28.

[63] 李丽纯. 四川省湿地鸟类多样性及保护研究[D]. 成都：四川大学，2006.

[64] 林雯，等. 四川凉山彝族自治州湿地鸟类组成及变化探讨[J]. 四川动物，2007，1：34-39.

[65] 袁军. 云南泸沽湖省级自然保护区生物资源现状及评价[J]. 陕西林业科技，2010，2：36-41.

[66] 张淑霞，等. 泸沽湖及其附近竹地海湿地越冬水鸟群落组成及历史变化分析[J]，动物学杂志，2015，50（5）：686-694.

[67] 胡涛，张帆. 四川泸沽湖湿地自然保护区现状与对策探讨[J]. 资源节约与环保，2015，7：175.

[68] 唐平，等. 四川省盐边县鸟类多样性调查[J]. 西南林学院学报，2005，25（3）：58-59.

[69] 张荣祖. 中国动物地理[M]. 北京：科学出版社，2006.

[70] 李英南，等. 泸沽湖特有水生生物的保护初探[J]. 云南环境科学，2000，19（2）：39-41.

[71] 李恒，等. 泸沽湖植被考察[J]. 云南植物研究，1979，1（1）：125-137.

[72] 樊国盛，等. 泸沽湖自然保护区森林植被及木本植物区系[J]. 西南林学院学报，1989，9（2）：99-107.

[73] 万晔. 泸沽湖自然生态系统结构研究[J]. 地理学与国土研究，1998，14（1）：51-54.

附　录

附录 A　历次浮游生物定量采样记录表

A1　2014 年 8 月浮游生物定量记录表

2014 年 8 月 19—20 日，共对 11 个样点（亮海 9 个、草海 2 个）采样，其中浮游植物 38 个样、浮游动物 20 个样，共计 50 个样。

采样时间：2014 年 8 月 20 日

生物类别：浮游植物　　　记录人：_____　　　记录日期：_____

样点编号：____1____　　　样点位置：达组　　采样水深：__0.5 m__

藻类名称	密度/$10^4 \cdot L^{-1}$	湿重/（mg/万个）	生物量/mg·L^{-1}
花环锥囊藻	0.348 5	0.007	0.002 439 5
美丽星杆藻	0.369	0.005	0.001 845
脆杆藻	0.020 5	0.001	0.000 020 5
最小胶球藻	0.225 5	0.004	0.000 902
小形色球藻	0.307 5	0.000 74	0.000 227155
椭圆小球藻	0.287	0.000 2	0.000 057 4
鼓藻	0.061 5	0.000 5	0.000 030175
腰带多甲藻	0.328	0.09	0.029 52
飞燕多甲藻	0.041	0.12	0.004 92
微绿球藻	0.430 5	0.000 2	0.000 086 1
细小裸藻	0.020 5	0.03	0.000 615
弯曲栅藻	0.287	0.002	0.000 574
极小直链藻	0.082	0.006	0.000 492
剑蚤柄裸藻	0.041	0.04	0.001 64
湖生卵囊藻	0.41	0.004	0.001 64
合计	3.259 4		0.045 009 8

采样时间：<u>2014 年 8 月 20 日</u>

生物类别：<u>浮游植物</u>　　记录人：_____　　　　记录日期：_____

样点编号：　__1__　　　样点位置：__达组__　　采样水深：　_5 m_

藻类名称	密度/$10^4 \cdot L^{-1}$	湿重/（mg/万个）	生物量/mg·L^{-1}
花环锥囊藻	0.758 5	0.007	0.005 309 5
椭圆小球藻	0.333	0.000 2	0.000 066 6
小形卵囊藻	0.333	0.000 2	0.000 066 6
实球藻	0.018 5	0.04	0.000 74
弯曲栅藻	0.37	0.002	0.000 74
简单舟形藻	0.037	0.03	0.001 11
披针型圆环舟形藻	0.074	0.03	0.002 22
小箱桥穹藻	0.018 5	0.02	0.000 37
美丽星杆藻	0.444	0.005	0.002 22
腰带多甲藻	0.185	0.09	0.016 65
飞燕角藻	0.055 5	0.5	0.027 75
尾棘囊裸藻	0.111	0.004	0.000 444
异强棘囊裸藻	0.092 5	0.004	0.000 37
湖生卵囊藻	0.666	0.004	0.002 664
绿球藻	0.943 5	0.005	0.004 717 5
微绿球藻	0.407	0.000 2	0.000 081 4
合计	4.847		0.061 419 6

采样时间：_2014 年 8 月 20 日_
生物类别：_浮游植物_   记录人：_____   记录日期：_____
样点编号：____1____   样点位置：_达组_   采样水深：___9 m___

藻类名称	密度/$10^4 \cdot L^{-1}$	湿重/（mg/万个）	生物量/mg·L^{-1}
花环锥囊藻	1.394	0.007	0.009 758
弯曲栅藻	0.068	0.002	0.000 136
空球藻	0.816	0.004	0.003 264
膨胀胶球藻	0.017	0.004	0.000 068
飞燕角甲藻	0.119	0.12	0.014 28
腰带光甲藻	0.238	0.04	0.009 52
隐头舟形藻	0.051	0.03	0.001 53
美丽星杆藻	0.221	0.005	0.001 105
微小色球藻	0.289	0.002	0.000 578
小形色球藻	0.102	0.000 74	0.000 075 48
束缚色球藻	0.017	0.000 5	0.000 008 5
双形栅列藻	0.068	0.000 5	0.000 034
湖生卵囊藻	0.816	0.004	0.003 264
微绿球藻	0.051	0.000 2	0.000 010 2
合 计	4.267		0.043 631 18

采样时间：2014 年 8 月 20 日

生物类别：<u>浮游植物</u>　　记录人：_____　　记录日期：_____

样点编号：____1____　　样点位置：<u>达组</u>　　采样水深：__12 m__

藻类名称	密度/$10^4 \cdot L^{-1}$	湿重/（mg/万个）	生物量/mg·L^{-1}
四集藻	1.008	0.000 4	0.000 403 2
花环锥囊藻	1.062	0.007	0.007 434
椭圆小球藻	0.576	0.000 2	0.000 115 2
普通小球藻	0.162	0.000 2	0.000 032 4
弯曲栅列藻	0.144	0.000 5	0.000 072
长纹定形裸藻	0.018	0.04	0.000 72
裸藻	0.45	0.04	0.018
空球藻	0.27	0.02	0.005 4
飞燕角藻	0.036	0.12	0.004 32
牙状菱形藻	0.018	0.003	0.000 054
小环藻	0.216	0.003	0.000 648
腰带多甲藻	0.054	0.09	0.004 86
色球藻	0.216	0.000 5	0.000 108
星鼓藻	0.018	0.000 6	0.000 010 8
舟形藻	0.018	0.02	0.000 36
新月鼓藻	0.018	0.08	0.001 44
羽纹硅藻	0.018	0.42	0.007 56
美丽星杆藻	0.18	0.005	0.000 9
实球藻	0.288	0.04	0.011 52
卵囊藻	0.216	0.005	0.001 08
湖生卵囊藻	0.09	0.004	0.000 36
尖尾裸藻	0.018	0.15	0.002 7
合计	5.094		0.068 597 6

采样时间：<u>2014 年 8 月 20 日</u>
生物类别：<u>浮游植物</u>　　记录人：_____　　记录日期：_____
样点编号：___2___　　样点位置：<u>安娜蛾岛</u>　采样水深：<u>0.5 m</u>

藻类名称	密度/$10^4 \cdot L^{-1}$	湿重/（mg/万个）	生物量/mg·L^{-1}
膨胀胶球藻	0.16	0.004	0.000 64
盾形多甲藻	0.04	0.09	0.003 6
普通等片藻	0.3	0.001	0.000 3
小环藻	0.22	0.003	0.000 66
四角藻	0.02	0.003	0.000 06
新月鼓藻	0.1	0.08	0.008
美丽星杆藻	0.12	0.005	0.000 6
腰带多甲藻	0.02	0.09	0.001 8
花环锥囊藻	0.22	0.007	0.001 54
湖生卵囊藻	0.96	0.004	0.003 84
隐藻	0.24	0.01	0.002 4
舟形藻	0.22	0.03	0.006 6
腰带多甲藻	0.1	0.09	0.009
实球藻	0.64	0.02	0.012 8
合计	3.36		0.051 84

采样时间：<u>2014 年 8 月 20 日</u>

生物类别：<u>浮游植物</u>　　记录人：_____　　记录日期：_____

样点编号：_____2_____　　样点位置：<u>安娜蛾岛</u>　采样水深：___5 m___

藻类名称	密度/$10^4 \cdot L^{-1}$	湿重/（mg/万个）	生物量/mg $\cdot L^{-1}$
弯曲栅藻	0.546	0.002	0.001 092
普通小球藻	0.567	0.000 2	0.000 113 4
花环锥囊藻	0.504	0.007	0.003 528
飞燕角藻	0.336	0.12	0.040 32
小环藻	0.651	0.007	0.004 557
椭圆卵囊藻	0.105	0.005	0.000 525
远距直链藻	0.231	0.007	0.001 617
直角十字藻	0.042	0.001	0.000 042
腰带多甲藻	0.02	0.09	0.001 8
微小色球藻	0.042	0.002	0.000 084
湖生卵囊藻	0.42	0.004	0.001 68
泡状胶囊藻	0.21	0.000 4	0.000 084
椭圆小球藻	0.147	0.000 2	0.000 029 4
微绿球藻	0.315	0.000 2	0.000 063
合计	4.137		0.055 534 8

采样时间：2014 年 8 月 20 日

生物类别：浮游植物　　　记录人：_____　　　记录日期：_____

样点编号：____2____　　　样点位置：安娜蛾岛　　采样水深：____9 m__

藻类名称	密度/$10^4 \cdot L^{-1}$	湿重（mg/万个）	生物量/mg·L^{-1}
纤细桥弯藻	0.308	0.02	0.006 16
朱氏伏氏藻	0.374	0.000 15	0.000 056 1
腰带多甲藻	0.022	0.09	0.001 98
钝脆杆藻	0.33	0.001	0.000 33
剑水蚤针杆藻	0.11	0.06	0.006 6
飞燕角藻	0.022	0.12	0.002 64
裸甲藻	0.352	0.04	0.014 08
四尾栅藻	0.11	0.000 5	0.000 055
美丽星杆藻	0.418	0.005	0.002 09
绿球藻	0.22	0.003	0.000 66
小裸藻	0.176	0.002	0.000 352
花环锥囊藻	0.572	0.007	0.004 004
膨胀胶球藻	0.044	0.004	0.000 176
极小微芒藻	0.022	0.002	0.000 044
湖生卵囊藻	0.594	0.004	0.002 376
合计	3.684		0.041 603 1

采样时间：<u>2014 年 8 月 20 日</u>
生物类别：<u>浮游植物</u>　记录人：<u>　　　　</u>　记录日期：<u>　　　　</u>
样点编号：<u>　　2　　</u>　样点位置：<u>安娜蛾岛</u>　采样水深：<u>12 m</u>

藻类名称	密度/$10^4 \cdot L^{-1}$	湿重/（mg/万个）	生物量/mg·L^{-1}
钝脆杆藻	0.774	0.001	0.000 774
腰带多甲藻	0.150 5	0.09	0.013 545
飞燕角藻	0.086	0.12	0.010 32
针杆藻	0.344	0.005	0.001 72
普通等片藻	0.43	0.001	0.000 43
舟形藻	0.301	0.03	0.009 03
美丽星杆藻	0.580 5	0.005	0.002 902 5
囊裸藻	0.193 5	0.003	0.000 580 5
微小色球藻	0.279 5	0.002	0.000 559
花环锥囊藻	0.774	0.007	0.005 418
合计	3.926		0.045 279

采样时间：<u>2014 年 8 月 20 日</u>

生物类别：<u>浮游植物</u>　　记录人：_____　　记录日期：_____

样点编号：____3____　　样点位置：<u>格撒</u>　　采样水深：__0.5 m__

藻类名称	密度/$10^4 \cdot L^{-1}$	湿重/（mg/万个）	生物量/mg·L^{-1}
四尾栅藻	0.018	0.000 5	0.000 009
膨胀胶球藻	0.054	0.004	0.000 216
腰带多甲藻	0.09	0.09	0.008 1
钝脆杆藻	0.126	0.001	0.000 126
剑水蚤针杆藻	0.162	0.06	0.009 72
纤细桥弯藻	0.198	0.02	0.003 96
美丽星杆藻	0.234	0.005	0.001 17
花环锥囊藻	0.27	0.007	0.001 89
朱氏伏氏藻	0.306	0.000 15	0.000 045 9
极小微芒藻	0.036	0.002	0.000 072
湖生卵囊藻	1.296	0.004	0.005 184
合计	2.79		0.030 492 9

采样时间：2014 年 8 月 20 日
生物类别：__浮游植物__   记录人：_____   记录日期：_____
样点编号：____3____   样点位置：__格撒__   采样水深：____5 m____

藻类名称	密度/$10^4 \cdot L^{-1}$	湿重/（mg/万个）	生物量/mg·L^{-1}
花环锥囊藻	1.764	0.007	0.012 348
椭圆小球藻	0.441	0.000 2	0.000 088 2
小环藻	0.252	0.003	0.000 756
湖生卵囊藻	0.756	0.004	0.003 024
螺带鼓藻	0.042	0.000 5	0.000 021
裸藻	0.042	0.04	0.001 68
腰带多甲藻	0.168	0.09	0.015 12
双足多甲藻	0.042	0.05	0.002 1
桥穹藻	0.063	0.02	0.001 26
盾形多甲藻	0.042	0.05	0.002 1
双球藻	0.084	0.000 2	0.000 016 8
普通小球藻	0.084	0.000 2	0.000 016 8
飞燕甲藻	0.021	0.12	0.002 52
柱状栅列藻	0.21	0.005	0.001 05
微小色球藻	0.084	0.002	0.000 168
四足四角藻	0.021	0.003	0.000 063
隐藻	0.189	0.02	0.003 78
合计	4.305		0.046 111 8

采样时间：<u>2014 年 8 月 20 日</u>
生物类别：<u>浮游植物</u>　记录人：<u>　　　　</u>　记录日期：<u>　　　　</u>
样点编号：<u>　　3　　</u>　样点位置：<u>格撒</u>　采样水深：<u>　9 m　</u>

藻类名称	密度/$10^4 \cdot L^{-1}$	湿重/（mg/万个）	生物量/mg·L^{-1}
花环锥囊藻	0.643 5	0.007	0.004 504 5
椭圆小球藻	0.099	0.000 2	0.000 019 8
桑椹石球藻	0.016 5	0.004	0.000 066
膨胀胶球藻	0.016 5	0.004	0.000 066
腰带光甲藻	0.165	0.04	0.006 6
飞燕角藻	0.033	0.5	0.016 5
美丽星杆藻	0.247 5	0.005	0.001 237 5
新月菱形藻	0.016 5	0.01	0.000 165
吻状隐藻	0.016 5	0.02	0.000 33
少刺多芒藻	0.066	0.002	0.000 132
湖生卵囊藻	0.33	0.004	0.001 32
合计	1.65		0.030 940 8

采样时间：<u>2014 年 8 月 20 日</u>
生物类别：<u>浮游植物</u>　记录人：<u>　　　　</u>　记录日期：<u>　　　　</u>
样点编号：<u>　　3　　</u>　样点位置：<u>格撒</u>　采样水深：<u>　12 m　</u>

藻类名称	密度/$10^4 \cdot L^{-1}$	湿重/（mg/万个）	生物量/mg·L^{-1}
隐藻	0.676 5	0.02	0.013 53
空球藻	0.264	0.02	0.005 28
实球藻	0.264	0.04	0.010 56
线性棒腹藻	1.122	0.000 06	0.000 067 32
椭圆小球藻	0.478 5	0.000 2	0.000 095 7
花环锥囊藻	0.363	0.007	0.002 541
胶球藻	0.33	0.004	0.001 32
腰带多甲藻	0.115 5	0.09	0.010 395
合计	3.613 5		0.043 789 02

采样时间：<u>2014 年 8 月 20 日</u>

生物类别：<u>浮游植物</u>　记录人：＿＿＿＿＿＿　记录日期：＿＿＿＿

样点编号：＿＿<u>4</u>＿＿　样点位置：<u>近岸深水点</u>　采样水深：＿<u>0.5 m</u>＿

藻类名称	密度/$10^4 \cdot L^{-1}$	湿重/（mg/万个）	生物量/mg·L^{-1}
椭圆小球藻	0.357	0.000 2	0.000 071 4
束缚色球藻	0.136	0.000 6	0.000 081 6
泡状胶囊藻	0.068	0.000 4	0.000 027 2
波吉卵囊藻	0.238		0
湖生卵囊藻	0.884	0.004	0.003 536
花环锥囊藻	0.34	0.007	0.002 38
颗粒鼓藻	0.153	0.000 5	0.000 076 5
弯曲栅列藻	0.391	0.000 5	0.000 195 5
锥囊藻	0.051	0.007	0.000 357
实球藻	0.272	0.04	0.010 88
表示双足多甲藻	0.017	0.05	0.000 85
裸藻	0.068	0.02	0.001 36
小环藻	0.272	0.003	0.000 816
多甲藻	0.051	0.09	0.004 59
微囊藻	0	0.005	0
椭圆卵囊藻	0.748	0.005	0.003 74
绿球藻	0.306	0.005	0.001 53
微绿球藻	0.204	0.000 2	0.000 040 8
小裸藻	0.391	0.002	0.000 782
合计	4.947		0.031 314

采样时间：<u>2014 年 8 月 20 日</u>
生物类别：<u>浮游植物</u>　记录人：＿＿＿＿＿＿　记录日期：＿＿＿＿
样点编号：＿＿<u>4</u>＿＿　样点位置：<u>近岸深水点</u>　采样水深：＿<u>5 m</u>＿

藻类名称	密度/$10^4 \cdot L^{-1}$	湿重/（mg/万个）	生物量/mg·L^{-1}
花环锥囊藻	1.12	0.007	0.007 84
同心扭曲小环藻	0.08	0.007	0.000 56
舟形藻	0.04	0.03	0.001 2
椭圆卵囊藻	0.4	0.005	0.002
空球藻	0.2	0.02	0.004
弯曲栅藻	0.02	0.002	0.000 04
膨胀胶球藻	0.04	0.03	0.001 2
微小色球藻	0.02	0.002	0.000 04
腰带多甲藻	0.04	0.09	0.003 6
飞燕角藻	0.06	0.12	0.007 2
泡状胶囊藻	0.16	0.000 4	0.000 064
结核伏氏藻	0.02	0.001	0.000 02
具盖小环藻	0.02	0.007	0.000 14
微绿球藻	0.16	0.000 2	0.000 032
绿裸藻	0.08	0.08	0.006 4
合计	2.46		0.034 336

采样时间：2014 年 8 月 20 日

生物类别：_浮游植物_　　记录人：＿＿＿＿＿＿　记录日期：＿＿＿＿

样点编号：＿＿＿4＿＿　样点位置：近岸深水点　采样水深：＿＿9 m＿＿

藻类名称	密度/$10^4 \cdot L^{-1}$	湿重/（mg/万个）	生物量/mg·L^{-1}
腰带多甲藻	0.129 5	0.09	0.011 655
小环藻	0.259	0.003	0.000 777
椭圆小球藻	0.240 5	0.000 2	0.000 048 1
束缚色球藻	0.129 5	0.000 6	0.000 077 7
飞燕角藻	0.055 5	0.12	0.006 66
美丽星杆藻	0.296	0.005	0.001 48
花环锥囊藻	1.073	0.007	0.007 511
斯氏定型裸藻	0.129 5	0.004	0.000 518
颗粒鼓藻	0.129 5	0.000 5	0.000 064 75
波吉卵囊藻	0.203 5	0.005	0.001 017 5
囊裸藻	0.018 5	0.003	0.000 055 5
实球藻	0.203 5	0.04	0.008 14
弓干藻	0.074	0.003	0.000 222
双足多甲藻	0.092 5	0.09	0.008 325
普通小球藻	0.129 5	0.000 2	0.000 025 9
弯曲栅列藻	0.129 5	0.002	0.000 259
裸甲藻	0.166 5	0.008	0.001 332
微绿球藻	0.185	0.000 2	0.000 037
绿裸藻	0.037	0.08	0.002 96
合计	3.679		0.051 165 45

采样时间：<u>2014 年 8 月 20 日</u>
生物类别：<u>浮游植物</u>　记录人：_____　记录日期：_____
样点编号：___4___　样点位置：<u>近岸深水点</u>采样水深：_12 m_

藻类名称	密度/$10^4 \cdot L^{-1}$	湿重/（mg/万个）	生物量/mg·L^{-1}
实球藻	0.468	0.04	0.018 72
弯曲栅藻	0.507	0.002	0.001 014
普通小球藻	0.546	0.000 2	0.000 109 2
花环锥囊藻	0.585	0.007	0.004 095
盾形多甲藻	0.624	0.05	0.031 2
飞燕角藻	0.663	0.12	0.079 56
小环藻	0.702	0.007	0.004 914
椭圆卵囊藻	0.156	0.005	0.000 78
少刺多芒藻	0.195	0.002	0.000 39
远距直链藻	0.624	0.03	0.018 72
直角十字藻	0.019 5	0.001	0.000 019 5
强棘囊裸藻	0.019 5	0.002	0.000 039
微小色球藻	0.039	0.002	0.000 078
湖生卵囊藻	0.624	0.004	0.002 496
泡状胶囊藻	0.039	0.000 4	0.000 015 6
椭圆小球藻	0.175 5	0.000 2	0.000 035 1
绿球藻	0.409 5	0.002	0.000 819
合计	6.396		0.163 504 4

采样时间：<u>2014 年 8 月 20 日</u>

生物类别：<u>浮游植物</u>　　记录人：_____　　记录日期：_____

样点编号：____5____　　样点位置：<u>湖心点</u>　采样水深：<u>0.5 m</u>

藻类名称	密度/$10^4 \cdot L^{-1}$	湿重/（mg/万个）	生物量/mg·L^{-1}
腰带多甲藻	0.82	0.09	0.073 8
肿胀桥弯藻	0.102 5	0.001	0.000 102 5
针状菱形藻	0.020 5	0.006	0.000 123
花环锥囊藻	0.266 5	0.007	0.001 865 5
椭圆形小绿藻	0.41	0.000 3	0.000 123
美丽星杆藻	0.328	0.005	0.001 64
星冠盘藻	0.020 5	0.003	0.000 061 5
微小四角藻	0.020 5	0.003	0.000 061 5
直链藻	0.020 5	0.007	0.000 143 5
韩氏冠盘藻	0.020 5	0.003	0.000 061 5
小球藻	0.082	0.000 2	0.000 016 4
合计	2.111 5		0.077 998 4

142

采样时间：<u>2014 年 8 月 20 日</u>

生物类别：<u>浮游植物</u>　　记录人：_____　　记录日期：_____

样点编号：___5___　　样点位置：<u>湖心点</u>　　采样水深：___5 m___

藻类名称	密度/$10^4 \cdot L^{-1}$	湿重/（mg/万个）	生物量/mg·L^{-1}
腰带多甲藻	0.682 5	0.09	0.061 425
飞燕角甲藻	0.07	0.12	0.008 4
星冠盘藻	0.035	0.02	0.000 7
隐头舟形藻	0.035	0.015	0.000 525
啮蚀隐藻	0.017 5	0.01	0.000 175
花环锥囊藻	1.05	0.007	0.007 35
异端藻	0.017 5	0.001	0.000 017 5
美丽星杆藻	0.42	0.005	0.002 1
直链藻	0.035	0.03	0.001 05
小绿藻	0.175	0.000 2	0.000 035
网球藻	0.017 5	0.003	0.000 052 5
网眼藻	0.017 5	0.003	0.000 052 5
四角藻	0.052 5	0.003	0.000 157 5
小球藻	0.297 5	0.000 2	0.000 059 5
窗形十字藻	0.105	0.001	0.000 105
鱼鳞藻	0.017 5	0.03	0.000 525
柱状栅列藻	0.14	0.005	0.000 7
月牙蹄形藻	0.28	0.001	0.000 28
小舟形藻	0.052 5	0.015	0.000 787 5
合计	3.517 5		0.084 497

采样时间：<u>2014 年 8 月 20 日</u>
生物类别：<u>浮游植物</u>　　记录人：_____　　记录日期：_____
样点编号：____5____　　样点位置：<u>湖心点</u>　　采样水深：____9 m____

藻类名称	密度/$10^4 \cdot L^{-1}$	湿重/（mg/万个）	生物量/mg·L^{-1}
腰带多甲藻	0.337 5	0.09	0.030 375
飞燕角甲藻	0.067 5	0.12	0.008 1
花环锥囊藻	1.957 5	0.007	0.013 702 5
小绿藻	0.495	0.000 2	0.000 099
四角藻	0.022 5	0.003	0.000 067 5
小球藻	0.675	0.000 2	0.000 135
小舟形藻	0.022 5	0.015	0.000 337 5
颗粒直链藻	0.022 5	0.03	0.000 675
直链藻	0.112 5	0.03	0.003 375
小多甲藻	0.022 5	0.04	0.000 9
合计	3.735		0.057 766 5

采样时间：<u>2014 年 8 月 20 日</u>

生物类别：<u>浮游植物</u>　　记录人：_____　记录日期：_____

样点编号：____5____　　样点位置：<u>湖心点</u>　采样水深：__30 m__

藻类名称	密度/$10^4 \cdot L^{-1}$	湿重/（mg/万个）	生物量/mg·L^{-1}
腰带多甲藻	0.342	0.09	0.030 78
飞燕角甲藻	0.036	0.12	0.004 32
花环锥囊藻	0.846	0.007	0.005 922
小绿藻	0.396	0.000 2	0.000 079 2
四角藻	0.018	0.003	0.000 054
小球藻	0.432	0.000 2	0.000 086 4
小舟形藻	0.036	0.015	0.000 54
颗粒直链藻	0.018	0.03	0.000 54
直链藻	0.09	0.03	0.002 7
小多甲藻	0.018	0.04	0.000 72
隐藻	0.018	0.01	0.000 18
针杆藻	0.018	0.06	0.001 08
实球藻	0.288	0.04	0.011 52
鱼鳞藻	0.036	0.03	0.001 08
美丽星杆藻	0.576	0.005	0.002 88
长鱼鳞藻	0.018	0.03	0.000 54
肿胀桥弯藻	0.018	0.001	0.000 018
黄葡萄合尾藻	0.288	0.007 5	0.002 16
合计	3.492		0.065 199 6

采样时间：<u>2014 年 8 月 20 日</u>

生物类别：<u>浮游植物</u>　　记录人：<u>　　　　</u>　　记录日期：<u>　　　</u>

样点编号：<u>　　6　　</u>　　样点位置：<u>赵家湾</u>　　采样水深：<u>0.5 m</u>

藻类名称	密度/$10^4 \cdot L^{-1}$	湿重/（mg/万个）	生物量/mg·L^{-1}
腰带多甲藻	0.26	0.09	0.023 4
飞燕角甲藻	0.06	0.12	0.007 2
微小多甲藻	0.02	0.04	0.000 8
肿胀桥弯藻	0.1	0.001	0.000 1
针状菱形藻	0.02	0.006	0.000 12
黄葡萄合尾藻	0.32	0.007 5	0.002 4
花环锥囊藻	0.86	0.007	0.006 02
椭圆形小绿藻	0.86	0.000 3	0.000 258
美丽星杆藻	0.4	0.005	0.002
针杆藻	0.02	0.06	0.001 2
星冠盘藻	0.04	0.003	0.000 12
微小四角藻	0.02	0.003	0.000 06
直链藻	0.02	0.007	0.000 14
韩氏冠盘藻	0.02	0.003	0.000 06
小球藻	0.82	0.000 2	0.000 164
蓝隐藻	0.02	0.000 5	0.000 01
柱状栅列藻	0.16	0.005	0.000 8
合计	4.02		0.044 852

采样时间：<u>2014 年 8 月 20 日</u>

生物类别：<u>浮游植物</u>　　记录人：_____　记录日期：_____

样点编号：____6____　　样点位置：<u>赵家湾</u>　采样水深：__5 m__

藻类名称	密度/$10^4 \cdot L^{-1}$	湿重/（mg/万个）	生物量/mg·L^{-1}
腰带多甲藻	0.342	0.09	0.030 78
飞燕角甲藻	0.076	0.12	0.009 12
肿胀桥弯藻	0.133	0.001	0.000 133
针状菱形藻	0.038	0.006	0.000 228
花环锥囊藻	0.817	0.007	0.005 719
绿球藻	0.817	0.005	0.004 085
美丽星杆藻	0.532	0.005	0.002 66
针杆藻	0.076	0.06	0.004 56
小舟形藻	0.057	0.015	0.000 855
四角藻	0.171	0.003	0.000 513
直链藻	0.038	0.007	0.000 266
小球藻	1.463	0.000 2	0.000 292 6
蓝隐藻	0.057	0.000 5	0.000 028 5
窗形十字藻	0.228	0.001	0.000 228
柱状栅列藻	0.228	0.005	0.001 14
小环藻（小）	0.114	0.003	0.000 342
小环藻（大）	0.152	0.007	0.001 064
合计	4.024		0.062 014 1

采样时间：<u>2014 年 8 月 20 日</u>
生物类别：<u>浮游植物</u>　　记录人：_____　　记录日期：_____
样点编号：___6___　　样点位置：<u>赵家湾</u>　采样水深：___9 m___

藻类名称	密度/$10^4 \cdot L^{-1}$	湿重/（mg/万个）	生物量/mg·L^{-1}
腰带多甲藻	0.246	0.09	0.022 14
飞燕角甲藻	0.041	0.12	0.004 92
肿胀桥弯藻	0.184 5	0.001	0.000 184 5
黄葡萄合尾藻	0.328	0.007 5	0.002 46
花环锥囊藻	0.656	0.007	0.004 592
绿球藻	0.840 5	0.005	0.004 202 5
美丽星杆藻	0.492	0.005	0.002 46
针杆藻	0.082	0.06	0.004 92
小舟形藻	0.164	0.015	0.002 46
四角藻	0.205	0.003	0.000 615
直链藻	0.061 5	0.007	0.000 430 5
小球藻	0.184 5	0.000 2	0.000 036 9
椭圆形小绿藻	0.574	0.000 2	0.000 114 8
蓝隐藻	0.041	0.000 5	0.000 020 5
窗形十字藻	0.328	0.001	0.000 328
柱状栅列藻	0.246	0.005	0.001 23
小环藻（小）	0.102 5	0.003	0.000 307 5
合计	4.783		0.051 422 2

采样时间：<u>2014 年 8 月 20 日</u>
生物类别：<u>浮游植物</u>　　记录人：<u>　　　　　</u>　　记录日期：<u>　　　　</u>
样点编号：<u>　6　</u>　　样点位置：<u>赵家湾</u>　采样水深：<u>12 m</u>

藻类名称	密度/$10^4 \cdot L^{-1}$	湿重/（mg/万个）	生物量/mg·L^{-1}
腰带多甲藻	0.214 5	0.09	0.019 305
飞燕角甲藻	0.039	0.12	0.004 68
针状菱形藻	0.058 5	0.006	0.000 351
花环锥囊藻	0.897	0.007	0.006 279
美丽星杆藻	0.624	0.005	0.003 12
针杆藻	0.058 5	0.06	0.003 51
小舟形藻	0.156	0.015	0.002 34
四角藻	0.175 5	0.003	0.000 526 5
小球藻	0.136 5	0.000 2	0.000 027 3
椭圆形小绿藻	0.702	0.000 2	0.000 140 4
蓝隐藻	0.019 5	0.000 5	0.000 009 75
小环藻（大）	0.175 5	0.007	0.001 228 5
合计	3.589		0.042 979 95

采样时间：2014 年 8 月 20 日
生物类别：浮游植物　　记录人：＿＿＿＿　记录日期：＿＿＿＿
样点编号：＿＿7＿　样点位置：长岛湾　采样水深：0.5 m

藻类名称	密度/$10^4 \cdot L^{-1}$	湿重/（mg/万个）	生物量/mg·L^{-1}
腰带多甲藻	0.315	0.09	0.028 35
飞燕角甲藻	0.063	0.12	0.007 56
针状菱形藻	0.042	0.006	0.000 252
花环锥囊藻	0.672	0.007	0.004 704
美丽星杆藻	0.588	0.005	0.002 94
针杆藻	0.063	0.06	0.003 78
小舟形藻	0.189	0.015	0.002 835
扁裸藻	0.105	0.03	0.003 15
小球藻	0.147	0.000 2	0.000 029 4
四角藻	0.105	0.003	0.000 315
十字藻	0.252	0.001	0.000 252
绿球藻	0.462	0.005	0.002 31
椭圆形小绿藻	0.609	0.000 2	0.000 121 8
小环藻（大）	0.189	0.007	0.001 323
合计	3.763		0.057 922 2

采样时间：<u>2014 年 8 月 20 日</u>
生物类别：<u>浮游植物</u>　　记录人：_____　　记录日期：_____
样点编号：____7____　　样点位置：<u>长岛湾</u>　采样水深：__5 m__

藻类名称	密度/$10^4 \cdot L^{-1}$	湿重/（mg/万个）	生物量/mg·L^{-1}
腰带多甲藻	0.41	0.09	0.036 9
飞燕角甲藻	0.020 5	0.12	0.002 46
针状菱形藻	0.041	0.006	0.000 246
花环锥囊藻	0.82	0.007	0.005 74
美丽星杆藻	0.492	0.005	0.002 46
针杆藻	0.061 5	0.06	0.003 69
小舟形藻	0.184 5	0.015	0.002 767 5
扁裸藻	0.102 5	0.03	0.003 075
小球藻	0.348 5	0.000 2	0.000 069 7
四角藻	0.102 5	0.003	0.000 307 5
十字藻	0.328	0.001	0.000 328
绿球藻	0.389 5	0.005	0.001 947 5
椭圆形小绿藻	0.717 5	0.000 2	0.000 143 5
星冠盘藻	0.041	0.003	0.000 123
微小四角藻	0.061 5	0.003	0.000 184 5
直链藻	0.041	0.007	0.000 287
韩氏冠盘藻	0.041	0.003	0.000 123
楔形藻	0.041	0.003	0.000 123
合计	4.247 5		0.060 975 2

采样时间：<u>2014 年 8 月 20 日</u>
生物类别：<u>浮游植物</u>　　记录人：<u>　　　　　</u>　　记录日期：<u>　　　　</u>
样点编号：<u>　　7　　</u>　　样点位置：<u>长岛湾</u>　采样水深：<u>　9 m　</u>

藻类名称	密度/$10^4 \cdot L^{-1}$	湿重/（mg/万个）	生物量/mg·L^{-1}
腰带多甲藻	0.307 5	0.09	0.027 675
飞燕角甲藻	0.041	0.12	0.004 92
花环锥囊藻	0.799 5	0.007	0.005 596 5
美丽星杆藻	0.492	0.005	0.002 46
针杆藻	0.020 5	0.06	0.001 23
小舟形藻	0.123	0.015	0.001 845
小裸藻	0.082	0.03	0.002 46
小球藻	0.307 5	0.000 2	0.000 061 5
十字藻	0.328	0.001	0.000 328
绿球藻	0.389 5	0.005	0.001 947 5
椭圆形小绿藻	0.758 5	0.000 2	0.000 151 7
实球藻	0.164	0.04	0.006 56
星冠盘藻	0.041	0.003	0.000 123
微小四角藻	0.061 5	0.003	0.000 184 5
直链藻	0.041	0.007	0.000 287
韩氏冠盘藻	0.041	0.003	0.000 123
小环藻（小）	0.102 5	0.003	0.000 307 5
合计	4.1		0.056 260 2

采样时间：<u>2014 年 8 月 20 日</u>

生物类别：<u>浮游植物</u>　　记录人：_____　　记录日期：_____

样点编号：____7____　　样点位置：<u>长岛湾</u>　采样水深：__12 m__

藻类名称	密度/$10^4 \cdot L^{-1}$	湿重/（mg/万个）	生物量/mg·L^{-1}
腰带多甲藻	0.185	0.09	0.016 65
飞燕角甲藻	0.092 5	0.12	0.011 1
花环锥囊藻	0.666	0.007	0.004 662
美丽星杆藻	0.518	0.005	0.002 59
针杆藻	0.055 5	0.06	0.003 33
小舟形藻	0.148	0.015	0.002 22
小裸藻	0.037	0.03	0.001 11
小球藻	0.277 5	0.000 2	0.000 055 5
窗形十字藻	0.37	0.001	0.000 37
绿球藻	0.314 5	0.005	0.001 572 5
椭圆形小绿藻	0.703	0.000 2	0.000 140 6
黄葡萄合尾藻	0.222	0.007 5	0.001 665
针形纤维藻	0.037	0.002	0.000 074
直链藻	0.037	0.007	0.000 259
柱状栅列藻	0.222	0.005	0.001 11
小环藻（小）	0.074	0.003	0.000 222
合计	3.962		0.047 130 6

采样时间：<u>2014 年 8 月 20 日</u>
生物类别：<u>浮游植物</u>　　记录人：<u>　　　　　</u>　　记录日期：<u>　　　　</u>
样点编号：<u>　　8　　</u>　　样点位置：<u>落凹</u>　　采样水深：<u>0.5 m</u>

藻类名称	密度/$10^4 \cdot L^{-1}$	湿重/（mg/万个）	生物量/mg·L^{-1}
椭圆小球藻	0.11	0.000 2	0.000 022
膨胀胶球藻	0.044	0.004	0.000 176
实球藻	0.594	0.02	0.011 88
腰带多甲藻	0.066	0.09	0.005 94
普通等片藻	0.022	0.01	0.000 22
艾氏桥穹藻	0.088	0.02	0.001 76
美丽星杆藻	0.176	0.005	0.000 88
粉末微囊藻	0.022	0.01	0.000 22
花环锥囊藻	0.242	0.007	0.001 694
合计	1.364		0.022 792

采样时间：<u>2014 年 8 月 20 日</u>
生物类别：<u>浮游植物</u>　　记录人：<u>　　　　　</u>　　记录日期：<u>　　　　</u>
样点编号：<u>　　8　　</u>　　样点位置：<u>落凹</u>　　采样水深：<u>5 m</u>

藻类名称	密度/$10^4 \cdot L^{-1}$	湿重/（mg/万个）	生物量/mg·L^{-1}
颗粒鼓藻	0.039	0.000 5	0.000 019 5
盾形多甲藻	0.078	0.05	0.003 9
椭圆小球藻	0.078	0.000 2	0.000 015 6
小环藻	0.214 5	0.007	0.001 501 5
四角藻	0.019 5	0.003	0.000 058 5
新月鼓藻	0.019 5	0.08	0.001 56
美丽星杆藻	0.117	0.005	0.000 585
腰带多甲藻	0.117	0.09	0.010 53
飞燕角藻	0.058 5	0.12	0.007 02
湖生卵囊藻	0.546	0.004	0.002 184
隐藻	0.175 5	0.02	0.003 51
小型色球藻	0.078	0.000 74	0.000 057 72
合计	1.540 5		0.030 941 82

采样时间：<u>2014 年 8 月 20 日</u>

生物类别：<u>浮游植物</u>　　记录人：_____　记录日期：_____

样点编号：___8___　　样点位置：__落凹__　采样水深：__9 m__

藻类名称	密度/$10^4 \cdot L^{-1}$	湿重/（mg/万个）	生物量/mg·L^{-1}
腰带光甲藻	0.133	0.04	0.005 32
腰带多甲藻	0.171	0.09	0.015 39
飞燕角藻	0.209	0.12	0.025 08
普通等片藻	0.247	0.01	0.002 47
舟形藻	0.285	0.015	0.004 275
美丽星杆藻	0.323	0.005	0.001 615
椭圆小球藻	0.361	0.000 2	0.000 072 2
合计	1.729		0.056 222 2

采样时间：<u>2014 年 8 月 20 日</u>

生物类别：<u>浮游植物</u>　　记录人：_____　记录日期：_____

样点编号：___8___　　样点位置：__落凹__　采样水深：__12 m__

藻类名称	密度/$10^4 \cdot L^{-1}$	湿重/（mg/万个）	生物量/mg·L^{-1}
实球藻	0.429	0.02	0.008 58
腰带多甲藻	0.078	0.09	0.007 02
椭圆小球藻	0.039	0.000 2	0.000 007 8
普通等片藻	0.156	0.001	0.000 156
小型色球藻	0.039	0.000 74	0.000 028 86
美丽星杆藻	0.429	0.005	0.002 145
小形卵囊藻	0.078	0.000 2	0.000 015 6
艾氏桥穹藻	0.078	0.02	0.001 56
飞燕角藻	0.097 5	0.12	0.011 7
合计	1.436 5		0.031 213 26

采样时间：<u>2014 年 8 月 20 日</u>
生物类别：<u>浮游植物</u>　　记录人：_____　　记录日期：_____
样点编号：____9____　　样点位置：<u>王家营盘</u>　采样水深：__0.5 m__

藻类名称	密度/$10^4 \cdot L^{-1}$	湿重/（mg/万个）	生物量/mg·L^{-1}
花环锥囊藻	0.838 5	0.007	0.005 869 5
空球藻	0.058 5	0.02	0.001 17
小环藻	0.078	0.003	0.000 234
椭圆小球藻	0.273	0.000 2	0.000 054 6
桥弯藻	0.136 5	0.001	0.000 136 5
飞燕角藻	0.058 5	0.12	0.007 02
美丽星杆藻	0.312	0.005	0.001 56
棒形鼓藻	0.078	0.000 5	0.000 039
小新月藻	0.117	0.008	0.000 936
囊裸藻	0.019 5	0.003	0.000 058 5
实球藻	0.058 5	0.04	0.002 34
多甲藻	0.097 5	0.05	0.004 875
普通小球藻	0.175 5	0.000 2	0.000 035 1
弯曲栅列藻	0.097 5	0.000 5	0.000 048 75
裸甲藻	0.234	0.04	0.009 36
近缘针杆藻	0.097 5	0.06	0.005 85
绿裸藻	0.039	0.04	0.001 56
合计	2.761		0.041 146 95

采样时间：<u>2014 年 8 月 20 日</u>

生物类别：<u>浮游植物</u>　　记录人：_____　记录日期：_____

样点编号：_____9_____　样点位置：<u>王家营盘</u>　采样水深：____5 m____

藻类名称	密度/$10^4 \cdot L^{-1}$	湿重/（mg/万个）	生物量/mg·L^{-1}
腰带多甲藻	0.04	0.09	0.003 6
小环藻	0.16	0.003	0.000 48
飞燕角藻	0.1	0.12	0.012
美丽星杆藻	0.7	0.005	0.003 5
椭圆小球藻	0.28	0.000 2	0.000 056
花环锥囊藻	0.74	0.007	0.005 18
斯氏定型裸藻	0.08	0.002	0.000 16
颗粒鼓藻	0.08	0.002	0.000 16
波吉卵囊藻	0.24	0.005	0.001 2
颗粒直链藻	0.06	0.03	0.001 8
囊裸藻	0.04	0.003	0.000 12
实球藻	0.04	0.04	0.001 6
隐藻	0.1	0.02	0.002
双足多甲藻	0.14	0.04	0.005 6
裸甲藻	0.14	0.04	0.005 6
合计	2.945		0.043 056

157

采样时间：<u>2014 年 8 月 20 日</u>
生物类别：<u>浮游植物</u>　　记录人：<u>＿＿＿＿＿＿</u>　　记录日期：<u>＿＿＿＿＿</u>
样点编号：<u>　　9　　</u>　　样点位置：<u>王家营盘</u>　采样水深：<u>　9 m　</u>

藻类名称	密度/$10^4 \cdot L^{-1}$	湿重/（mg/万个）	生物量/mg·L^{-1}
绿裸藻	0.095	0.0002	0.000 019
腰带多甲藻	0.133	0.09	0.011 97
裸甲藻	0.133	0.04	0.005 32
小环藻	0.285	0.003	0.000 855
椭圆小球藻	0.266	0.000 2	0.000 053 2
微小色球藻	0.152	0.002	0.000 304
飞燕角藻	0.057	0.12	0.006 84
美丽星杆藻	0.399	0.005	0.001 995
花环锥囊藻	0.722	0.007	0.005 054
棒形鼓藻	0.095	0.000 5	0.000 047 5
胶囊藻	0.095	0.000 4	0.000 038
实球藻	0.038	0.04	0.001 52
膨胀胶球藻	0.019	0.004	0.000 076
双足多甲藻	0.057	0.04	0.002 28
普通小球藻	0.171	0.000 2	0.000 034 2
弯曲栅列藻	0.114	0.000 5	0.000 057
合计	2.832		0.036 462 9

采样时间：<u>2014 年 8 月 20 日</u>

生物类别：<u>浮游植物</u>　　记录人：<u>　　　　　</u>　　记录日期：<u>　　　</u>

样点编号：<u>　9　</u>　　样点位置：<u>王家营盘</u>　采样水深：<u>12 m</u>

藻类名称	密度/$10^4 \cdot L^{-1}$	湿重/（mg/万个）	生物量/mg·L^{-1}
实球藻	0.214 5	0.02	0.004 29
飞燕角藻	0.136 5	0.12	0.016 38
腰带多甲藻	0.058 5	0.09	0.005 265
椭圆小球藻	0.039	0.000 2	0.000 007 8
普通等片藻	0.156	0.001	0.000 156
小形色球藻	0.117	0.000 74	0.000 086 58
美丽星杆藻	0.526 5	0.005	0.002 632 5
小形卵囊藻	0.117	0.000 2	0.000 023 4
花环锥囊藻	0.608	0.007	0.004 256
针杆藻	0.117	0.06	0.007 02
合计	1.976		0.033 097 28

采样时间：2014 年 8 月 20 日

生物类别：_浮游植物_　　记录人：_____　　记录日期：_____

样点编号：___10___　　样点位置：草海长桥　采样水深：_0.5 m_

藻类名称	密度/$10^4 \cdot L^{-1}$	湿重/（mg/万个）	生物量/mg·L^{-1}
腰带多甲藻	6.66	0.09	0.599 4
飞燕角甲藻	10.545	0.12	1.265 4
隐头舟形藻	9.065	0.015	0.135 975
淡绿舟形藻	1.295	0.03	0.038 85
桥弯藻	0.185	0.001	0.000 185
菱形藻	3.145	0.01	0.031 45
针杆藻	0.74	0.06	0.044 4
楔形藻	0.185	0.003	0.000 555
厚变浮游角星鼓藻	0.185	0.003	0.000 555
奇异角星鼓藻	0.185	0.003	0.000 555
贝氏鼓藻	0.37	0.003	0.001 11
戴氏新月鼓藻	2.22	0.8	1.776
灯芯新月鼓藻	2.775	0.08	0.222
小裸藻	10.175	0.002	0.020 35
多刺囊裸藻	0.185	0.03	0.005 55
尖尾裸藻	0.185	0.002	0.000 37
绿裸藻	2.96	0.04	0.118 4
库氏新月鼓藻	4.44	0.08	0.355 2
椭圆形小绿藻	1.48	0.000 3	0.000 444
栅藻	0.555	0.002	0.001 11
小绿藻	1.48	0.000 3	0.000 444
水绵	0.37	0.02	0.007 4
鞘丝藻	1.295	0.01	0.012 95
巨颤藻	0.37	0.01	0.003 7
席藻	0.37	0.01	0.003 7
两栖颤藻	0.37	0.01	0.003 7
角丝鼓藻	0.37	0.02	0.007 4
脆弱刚毛藻	0.37	0.02	0.007 4
角星鼓藻	0.37	0.003	0.001 11
隐藻	2.405	0.01	0.024 05
合计	66.23		4.689 713

采样时间：<u>2014 年 8 月 20 日</u>

生物类别：<u>浮游植物</u>　记录人：_____　记录日期：_____

样点编号：<u>　11　</u>　样点位置：草海出口　采样水深：<u>0.5 m</u>

藻类名称	密度/$10^4 \cdot L^{-1}$	湿重/（mg/万个）	生物量/mg·L^{-1}
腰带多甲藻	15.87	0.09	1.428 3
飞燕角甲藻	9.257 5	0.12	1.110 9
小环藻	9.257 5	0.003	0.027 772 5
隐头舟形藻	3.967 5	0.03	0.119 025
针状菱形藻	1.322 5	0.006	0.007 935
尺骨针杆藻	1.322 5	0.06	0.079 35
扇形藻	1.322 5	0.02	0.026 45
纵长异端藻	1.322 5	0.01	0.013 225
圆环舟形藻	1.322 5	0.015	0.019 837 5
扁裸藻	2.645	0.03	0.079 35
绿裸藻	2.645	0.03	0.079 35
啮蚀隐藻	14.547 5	0.01	0.145 475
花环锥囊藻	2.645	0.003	0.007 935
美丽新月鼓藻	1.322 5	0.08	0.105 8
椭圆形小绿藻	34.385	0.000 3	0.0103 155
脆弱刚毛藻	2.645	0.02	0.052 9
何氏卵形藻	9.257 5	0.002	0.018 515
水绵	7.935	0.02	0.158 7
巨颤藻	7.935	0.01	0.079 35
两栖颤藻	7.935	0.01	0.079 35
合计	138.862 5		3.649 835 5

采样时间：2014 年 8 月 20 日

生物类别：<u>浮游动物</u>　　记录人：_____　　记录日期：_____

样点编号：___1___　　　　样点位置：__达组__　采样水深：_0.5 m_

浮游动物名称	密度/个·L^{-1}	湿重/（mg/个）	生物量/mg·L^{-1}
蜂窝状鳞壳虫	8	0.000 24	0.001 92
角突臂尾轮虫	8	0.000 24	0.001 92
桡足无节幼体	8	0.003	0.024
萼花臂尾轮虫	24	0.002 5	0.06
壶形沙壳虫	8	0.002 4	0.019 2
透明蚤	1.6	0.05	0.08
游仆虫	8	0.000 45	0.003 6
合计	65.6		0.190 64

采样时间：2014 年 8 月 20 日

生物类别：<u>浮游动物</u>　　记录人：_____　　记录日期：_____

样点编号：___1___　　　　样点位置：__达组__　采样水深：__5 m_

浮游动物名称	密度/个·L^{-1}	湿重/（mg/个）	生物量/mg·L^{-1}
普通表壳虫	13.6	0.001	0.013 6
前节囊轮虫	6.8	0.016 74	0.113 832
球形沙壳虫	13.6	0.002 4	0.032 64
团焰毛虫	13.6	0.000 03	0.000 408
迈氏钟形虫	6.8	0.000 014	0.000 095 2
袋形虫	6.8	0.000 03	0.000 204
没尾无柄轮虫	6.8	0.003	0.020 4
透明蚤	0.7	0.05	0.035
短钝溞	1.4	0.03	0.021
合计	69.4		0.237 179 2

采样时间：<u>2014 年 8 月 20 日</u>

生物类别：<u>浮游动物</u>　　记录人：_____　　记录日期：_____

样点编号：___2___　　　样点位置：<u>安娜蛾岛</u>　采样水深：_0.5 m_

浮游动物名称	密度/个·L⁻¹	湿重/（mg/个）	生物量/mg·L⁻¹
表壳虫	25.2	0.001	0.025 2
长圆砂壳虫	16.8	0.000 24	0.004 032
蜂窝状鳞壳虫	8.4	0.000 24	0.002 016
月形单趾轮虫	8.4	0.000 7	0.005 88
似铃壳虫	8.4	0.000 24	0.002 016
球形沙壳虫	16.8	0.002 4	0.040 32
大型蚤	0.84	0.9	0.756
透明蚤	0.84	0.05	0.042
合计	85.68		0.877 464

采样时间：<u>2014 年 8 月 20 日</u>

生物类别：<u>浮游动物</u>　　记录人：_____　　记录日期：_____

样点编号：___2___　　　样点位置：<u>安娜蛾岛</u>　采样水深：___5 m_

浮游动物名称	密度/个·L⁻¹	湿重/（mg/个）	生物量/mg·L⁻¹
长圆砂壳虫	16	0.000 24	0.003 84
蜂窝状鳞壳虫	8	0.000 24	0.001 92
月形单趾轮虫	8	0.000 7	0.005 6
似铃壳虫	8	0.000 24	0.001 92
萼花臂尾轮虫	24	0.002 5	0.06
球形沙壳虫	16	0.002 4	0.038 4
大型蚤	0.8	0.9	0.72
透明蚤	1.6	0.05	0.08
合计	82.4		0.911 68

采样时间：<u>2014 年 8 月 20 日</u>
生物类别：<u>浮游动物</u>　　记录人：_____　　记录日期：_____
样点编号：___3___　　　　样点位置：__格撒__　采样水深：__0.5 m__

浮游动物名称	密度/个·L^{-1}	湿重/（mg/个）	生物量/mg·L^{-1}
长圆砂壳虫	14	0.000 24	0.003 36
蜂窝状鳞壳虫	7	0.000 24	0.001 68
肾形虫	7	0.000 3	0.002 1
焰毛虫	14	0.000 3	0.004 2
壶形沙壳虫	7	0.002 4	0.016 8
球形沙壳虫	14	0.002 4	0.033 6
透明蚤	1.4	0.05	0.07
桡足无节幼体	7	0.003	0.021
刺胞虫	14	0.000 24	0.003 36
合计	85.4		0.156 1

采样时间：<u>2014 年 8 月 20 日</u>
生物类别：<u>浮游动物</u>　　记录人：_____　　记录日期：_____
样点编号：___3___　　　　样点位置：__格撒__　采样水深：__5 m__

浮游动物名称	密度/个·L^{-1}	湿重/（mg/个）	生物量/mg·L^{-1}
长圆砂壳虫	15.2	0.000 24	0.003 648
蜂窝状鳞壳虫	7.6	0.000 24	0.001 824
肾形虫	7.6	0.000 3	0.002 28
壶形沙壳虫	7.6	0.002 4	0.018 24
佛氏焰毛虫	7.6	0.000 03	0.000 228
似铃壳虫	7.6	0.000 24	0.001 824
桡足无节幼体	7.6	0.003	0.022 8
透明蚤	1.52	0.05	0.076
短钝溞	1.52	0.03	0.045 6
合计	63.84		0.172 444

采样时间：<u>2014 年 8 月 20 日</u>
生物类别：<u>浮游动物</u>　记录人：_____　记录日期：_____
样点编号：___<u>4</u>___　样点位置：<u>近岸深水点</u>　采样水深：__<u>0.5 m</u>__

浮游动物名称	密度/个·L^{-1}	湿重/（mg/个）	生物量/mg·L^{-1}
壶形沙壳虫	8	0.002 4	0.019 2
角突臂尾轮虫	8	0.000 24	0.001 92
桡足无节幼体	8	0.003	0.024
萼花臂尾轮虫	24	0.002 5	0.06
长圆沙壳虫	8	0.002 4	0.019 2
游仆虫	8	0.000 45	0.003 6
月形单趾轮虫	8	0.000 7	0.005 6
合计	72		0.133 52

采样时间：<u>2014 年 8 月 20 日</u>
生物类别：<u>浮游动物</u>　记录人：_____　记录日期：_____
样点编号：___<u>4</u>___　样点位置：<u>近岸深水点</u>　采样水深：__<u>5 m</u>__

浮游动物名称	密度/个·L^{-1}	湿重/（mg/个）	生物量/mg·L^{-1}
壶形沙壳虫	7.2	0.002 4	0.017 28
桡足无节幼体	14.4	0.003	0.043 2
梨形沙壳虫	14.4	0.002 4	0.034 56
月形单趾轮虫	7.2	0.000 7	0.005 04
透明蚤	1.44	0.05	0.072
短钝溞	0.72	0.03	0.021 6
合计	45.36		0.193 68

采样时间：2014 年 8 月 20 日
生物类别：__浮游动物__　记录人：_____　　记录日期：_____
样点编号：____5____　样点位置：__湖心点__　采样水深：__0.5 m__

浮游动物名称	密度/个·L^{-1}	湿重/（mg/个）	生物量/mg·L^{-1}
剑水蚤	0.92	0.03	0.027 6
表壳虫	24	0.001	0.024
长圆砂壳虫	16	0.000 24	0.003 84
梨形砂壳虫	16	0.000 24	0.003 84
蜂窝状鳞壳虫	8	0.000 24	0.001 92
月形单趾轮虫	8	0.000 7	0.005 6
佛氏焰毛虫	8	0.000 03	0.000 24
似铃壳虫	8	0.000 24	0.001 92
合计	88.92		0.068 96

采样时间：2014 年 8 月 20 日
生物类别：__浮游动物__　记录人：_____　　记录日期：_____
样点编号：____5____　样点位置：__湖心点__　采样水深：__5 m__

浮游动物名称	密度/个·L^{-1}	湿重/（mg/个）	生物量/mg·L^{-1}
剑水蚤	0.66	0.03	0.019 8
表壳虫	19.8	0.001	0.019 8
长圆砂壳虫	13.2	0.000 24	0.003 168
梨形砂壳虫	13.2	0.000 24	0.003 168
蜂窝状鳞壳虫	6.6	0.000 24	0.001 584
月形单趾轮虫	6.6	0.000 7	0.004 62
佛氏焰毛虫	19.8	0.000 03	0.000 594
似铃壳虫	6.6	0.000 24	0.001 584
斜管虫	26.4	0.000 24	0.006 336
合计	112.86		0.060 654

采样时间：<u>2014 年 8 月 20 日</u>

生物类别：<u>浮游动物</u>　记录人：_____　记录日期：_____

样点编号：____6____　样点位置：<u>赵家湾</u>　采样水深：_0.5 m_

浮游动物名称	密度/个·L^{-1}	湿重/（mg/个）	生物量/mg·L^{-1}
梨形砂壳虫	17.6	0.000 24	0.004 224
长圆砂壳虫	17.6	0.000 24	0.004 224
蜂窝状鳞壳虫	8.8	0.000 24	0.002 112
月形单趾轮虫	8.8	0.000 7	0.006 16
佛氏焰毛虫	8.8	0.000 03	0.000 264
似铃壳虫	8.8	0.000 24	0.002 112
透明蚤	1.76	0.05	0.088
合计	72.16		0.107 096

采样时间：<u>2014 年 8 月 20 日</u>

生物类别：<u>浮游动物</u>　记录人：_____　记录日期：_____

样点编号：____6____　样点位置：<u>赵家湾</u>　采样水深：__5 m__

浮游动物名称	密度/个·L^{-1}	湿重/（mg/个）	生物量/mg·L^{-1}
梨形砂壳虫	16.8	0.000 24	0.004 032
长圆砂壳虫	16.8	0.000 24	0.004 032
角突臂尾轮虫	16.8	0.000 24	0.005 04
肾形虫	8.4	0.000 3	0.000 252
佛氏焰毛虫	8.4	0.000 03	0.002 016
似铃壳虫	8.4	0.000 24	0.002 016
透明蚤	1.68	0.05	0.084
剑水蚤	1.68	0.015	0.025 2
合计	78.96		0.126 588

采样时间：__2014 年 8 月 20 日__

生物类别：__浮游动物__　　记录人：_____　　　　记录日期：_____

样点编号：____7____　　样点位置：__长岛湾__　　采样水深：__0.5 m__

浮游动物名称	密度/个·L^{-1}	湿重/（mg/个）	生物量/mg·L^{-1}
表壳虫	24.6	0.001	0.024 6
壶形沙壳虫	16.4	0.002 4	0.039 36
桡足无节幼体	16.4	0.003	0.049 2
长圆沙壳虫	16.4	0.002 4	0.039 36
月形单趾轮虫	8.2	0.000 7	0.005 74
佛氏焰毛虫	8.2	0.000 03	0.000 246
透明蚤	1.64	0.05	0.082
短钝溞	0.82	0.03	0.024 6
合计	92.66		0.265 106

采样时间：__2014 年 8 月 20 日__

生物类别：__浮游动物__　　记录人：_____　　　　记录日期：_____

样点编号：____7____　　样点位置：__长岛湾__　　采样水深：____5 m____

浮游动物名称	密度/个·L^{-1}	湿重/（mg/个）	生物量/mg·L^{-1}
表壳虫	15.6	0.001	0.015 6
壶形沙壳虫	15.6	0.002 4	0.037 44
梨形沙壳虫	15.6	0.002 4	0.037 44
月形单趾轮虫	7.8	0.000 7	0.005 46
有棘鳞壳虫	23.4	0.002 4	0.056 16
佛氏焰毛虫	7.8	0.000 03	0.000 234
隆线蚤	0.78	0.2	0.156
透明蚤	1.56	0.05	0.078
短钝溞	0.78	0.03	0.023 4
合计	88.92		0.409 734

采样时间：<u>2014 年 8 月 20 日</u>
生物类别：<u>浮游动物</u>　记录人：_____　记录日期：_____
样点编号：___8___　样点位置：__落凹__　采样水深：__0.5 m__

浮游动物名称	密度/个·L^{-1}	湿重/（mg/个）	生物量/mg·L^{-1}
透明蚤	0.84	0.05	0.042
隆线蚤	1.68	0.2	0.336
短钝溞	1.68	0.03	0.050 4
普通表壳虫	16.8	0.001	0.016 8
有棘鳞壳虫	16.8	0.002 4	0.040 32
壶形沙壳虫	16.8	0.002 4	0.040 32
彩胃轮虫	8.4	0.002 5	0.021
合计	65.52		0.037 8

采样时间：<u>2014 年 8 月 20 日</u>
生物类别：<u>浮游动物</u>　记录人：_____　记录日期：_____
样点编号：___8___　样点位置：__落凹__　采样水深：__5 m__

169

浮游动物名称	密度/个·L^{-1}	湿重/（mg/个）	生物量/mg·L^{-1}
大型蚤	0.8	0.9	0.72
透明蚤	0.8	0.05	0.04
隆线蚤	1.6	0.2	0.32
短钝溞	1.6	0.03	0.048
普通表壳虫	18	0.001	0.018
有棘鳞壳虫	6	0.002 4	0.014 4
彩胃轮虫	6	0.002 5	0.015
剑水蚤	1.8	0.015	0.27
合计	36.6		1.202 4

采样时间：<u>2014 年 8 月 20 日</u>
生物类别：<u>浮游动物</u>　记录人：<u>　　　　　</u>　　　记录日期：<u>　　　　</u>
样点编号：<u>　9　</u>　　样点位置：<u>王家营盘</u>　采样水深：<u>0.5 m</u>

浮游动物名称	密度/个·L⁻¹	湿重/（mg/个）	生物量/mg·L⁻¹
有棘鳞壳虫	17.2	0.002 4	0.041 28
肾形虫	17.2	0.000 3	0.005 16
焰毛虫	17.2	0.000 3	0.005 16
角突臂尾轮虫	8.6	0.000 24	0.002 064
桡足无节幼体	8.6	0.003	0.025 8
萼花臂尾轮虫	25.8	0.002 5	0.064 5
壶形沙壳虫	17.2	0.002 4	0.041 28
似铃壳虫	8.6	0.000 24	0.002 064
透明蚤	1.72	0.05	0.086
合计	122.12		0.273 308

采样时间：<u>2014 年 8 月 20 日</u>
生物类别：<u>浮游动物</u>　记录人：<u>　　　　　</u>　　　记录日期：<u>　　　　</u>

样点编号：<u>　9　</u>　　样点位置：<u>王家营盘</u>　采样水深：<u>　5 m</u>

浮游动物名称	密度/个·L⁻¹	湿重/（mg/个）	生物量/mg·L⁻¹
普通表壳虫	16	0.001	0.016
晶囊轮虫	16	0.016 74	0.267 84
刺胞虫	16	0.000 24	0.003 84
肾形虫	8	0.000 3	0.002 4
焰毛虫	16	0.000 3	0.004 8
角突臂尾轮虫	8	0.000 24	0.001 92
桡足无节幼体	8	0.003	0.024
萼花臂尾轮虫	24	0.002 5	0.06
壶形沙壳虫	8	0.002 4	0.019 2
透明蚤	1.6	0.05	0.08
短钝溞	1.6	0.03	0.048
游仆虫	8	0.000 45	0.003 6
合计	131.2		0.531 6

采样时间：<u>2014 年 8 月 19 日</u>

生物类别：<u>浮游动物</u>　记录人：<u>　　　　　</u>　记录日期：<u>　　　　　</u>

样点编号：<u>　　10　　</u>　样点位置：<u>草海长桥</u>　采样水深：<u>0.5 m</u>

浮游动物名称	密度/个·L^{-1}	湿重/（mg/个）	生物量/mg·L^{-1}
桡足无节幼体	184	0.003	0.552
十指平甲轮虫	24	0.002 5	0.06
红眼旋轮虫	8	0.000 5	0.004
剑水蚤	1.6	0.03	0.048
表壳虫	24	0.001	0.024
长圆砂壳虫	16	0.000 24	0.003 84
梨形砂壳虫	16	0.000 24	0.003 84
蜂窝状鳞壳虫	8	0.000 24	0.001 92
月形单趾轮虫	8	0.000 7	0.005 6
佛氏焰毛虫	8	0.000 03	0.000 24
似铃壳虫	8	0.000 24	0.001 92
合计	305.6		0.705 36

采样时间：<u>2014 年 8 月 19 日</u>

生物类别：<u>浮游动物</u>　记录人：<u>　　　　　</u>　记录日期：<u>　　　　　</u>

样点编号：<u>　　11　　</u>　样点位置：<u>草海出口</u>　采样水深：<u>0.5 m</u>

浮游动物名称	密度/个·L^{-1}	湿重/（mg/个）	生物量/mg·L^{-1}
桡足无节幼体	160	0.003	0.48
十指平甲轮虫	64	0.002 5	0.16
盘状鞍甲轮虫	24	0.000 4	0.009 6
转轮虫	8	0.000 5	0.004
四角平甲轮虫	8	0.000 5	0.004
剑水蚤	2.4	0.03	0.072
多毛板壳虫	8	0.000 3	0.002 4
尖毛虫	8	0.000 8	0.006 4
表壳虫	8	0.001	0.008
长圆砂壳虫	8	0.000 24	0.001 92
合计	298.4		0.748 32

A2 2015 年 1 月浮游生物定量记录表

2015 年 1 月 22—23 日，对 2、3、8、9、10、11 号样点进行了样品采集，浮游植物和浮游动物各采样 8 个。

采样时间：<u>2015 年 1 月 23 日</u>

生物类别：<u>浮游植物</u>　　记录人：_____　　记录日期：_____

样点编号：____2____　　样点位置：安娜蛾岛　　采样水深：__0.5 m__

藻类名称	密度/$10^4 \cdot L^{-1}$	湿重/（mg/万个）	生物量/mg·L^{-1}
巴豆叶脆杆藻	2.26	0.001	0.002 26
华美双菱藻	0.1	0.01	0.001
三节曲壳藻	0.02	0.001 4	0.000 028
美丽星杆藻	1.42	0.005	0.007 1
短小舟形藻	0.02	0.015	0.000 3
隐头舟形藻	0.06	0.03	0.001 8
短线脆杆藻	0.06	0.001	0.000 06
普通等片藻	0.08	0.03	0.002 4
宽形圆环舟形藻	0.04	0.03	0.001 2
偏肿桥弯藻	0.02	0.02	0.000 4
微绿舟形藻	0.04	0.03	0.001 2
箱形桥弯藻	0.18	0.001	0.000 18
披针形桥弯藻	0.02	0.005	0.000 1
尺骨针杆藻	0.02	0.06	0.001 2
双头辐节藻	0.02	0.006	0.000 12
小辐节羽纹藻	0.04	0.42	0.016 8
卵圆双眉藻	0.02	0.015	0.000 3
湖生卵囊藻	0.42	0.004	0.001 68
长毛针丝藻	0.1	0.002	0.000 2
棒形鼓藻	0.14	0.000 5	0.000 07

藻类名称	密度/$10^4 \cdot L^{-1}$	湿重/（mg/万个）	生物量/mg·L^{-1}
实球藻	0.32	0.04	0.012 8
变形裸藻	0.08	0.2	0.016
多养扁裸藻	0.02	0.027	0.000 54
飞燕角藻	0.02	0.12	0.002 4
腰带多甲藻	0.02	0.09	0.001 8
鱼鳞藻	0.04	0.03	0.001 2
合计	5.58		0.073 138

采样时间：<u>2015 年 1 月 23 日</u>

生物类别：<u>浮游植物</u>　记录人：_____　记录日期：_____

样点编号：<u>　3　</u>　样点位置：<u>格撒</u>　采样水深：<u>0.5 m</u>

藻类名称	密度/$10^4 \cdot L^{-1}$	湿重/（mg/万个）	生物量/mg·L^{-1}
美丽针杆藻	0.16	0.005	0.000 8
箱型桥弯藻	0.02	0.001	0.000 02
缢缩脆杆藻	0.02	0.001	0.000 02
尖辐节藻	0.04	0.001 7	0.000 068
湖生卵囊藻	0.1	0.004	0.000 4
转板藻	0.06	0.02	0.001 2
多养扁裸藻	0.04	0.027	0.001 08
棕色裸甲藻	0.02	0.028	0.000 56
近旋颤藻	0.02	0.003	0.000 06
合计	0.48		0.004 208

173

采样时间：<u>2015 年 1 月 22 日</u>

生物类别：<u>浮游植物</u>　记录人：_____　记录日期：_____

样点编号：___8___　样点位置：__落凹__　采样水深：__0.5 m__

藻类名称	密度/$10^4 \cdot L^{-1}$	湿重/（mg/万个）	生物量/mg·L^{-1}
三星裸藻	0.02	0.03	0.000 6
多养扁裸藻	0.02	0.027	0.000 54
湖生卵囊藻	0.16	0.004	0.000 64
梯接转板藻	0.1	0.02	0.002
细微转板藻	0.08	0.02	0.001 6
棒形鼓藻	0.08	0.000 5	0.000 04
美丽星杆藻	1.24	0.005	0.006 2
巴豆叶脆杆藻	4.6	0.001	0.004 6
卵圆双眉藻	0.02	0.015	0.000 3
扁圆卵形藻	0.02	0.006	0.000 12
肘状针杆藻	0.02	0.005	0.000 1
近缘桥弯藻	0.08	0.001	0.000 08
埃轮桥弯藻	0.02	0.001	0.000 02
普通等片藻	0.04	0.03	0.001 2
飞燕角藻	0.02	0.12	0.002 4
鱼鳞藻	0.06	0.005	0.000 3
花环椎囊藻	0.14	0.007	0.000 98
绿色颤藻	0.04	0.003	0.000 12
合计	6.76		0.021 84

采样时间：<u>2015 年 1 月 22 日</u>

生物类别：<u>浮游植物</u>　　记录人：<u>＿＿＿＿＿</u>　　记录日期：<u>＿＿＿＿</u>

样点编号：<u>　8　</u>　　样点位置：<u>落凹</u>　　采样水深：<u>　6 m　</u>

藻类名称	密度/$10^4 \cdot L^{-1}$	湿重/（mg/万个）	生物量/mg·L^{-1}
卵圆双眉藻	0.06	0.015	0.000 9
普通等片藻	0.02	0.03	0.000 6
膨胀桥弯藻	0.08	0.001	0.000 08
巴豆叶脆杆藻	1.74	0.001	0.001 74
尖辐节藻	0.04	0.001 7	0.000 068
华美双菱藻	0.02	0.01	0.000 2
鼠形窗纹藻	0.04	0.001	0.000 04
光亮窗纹藻	0.06	0.001	0.000 06
长毛针丝藻	0.02	0.002	0.000 04
湖生卵囊藻	0.04	0.004	0.000 16
多养扁裸藻	0.02	0.027	0.000 54
合计	2.14		0.004 428

采样时间：<u>2015 年 1 月 22 日</u>
生物类别：<u>浮游植物</u>　　记录人：<u>＿＿＿＿＿</u>　　记录日期：<u>＿＿＿＿</u>
样点编号：<u>　　9　　</u>　　样点位置：<u>王家营盘</u>　　采样水深：<u>0.5 m</u>

藻类名称	密度/$10^4 \cdot L^{-1}$	湿重/（mg/万个）	生物量/mg·L^{-1}
飞燕角藻	0.09	0.12	0.010 8
美丽星杆藻	3.15	0.005	0.015 75
尺骨针杆藻	0.022 5	0.06	0.001 35
巴豆叶脆杆藻	0.067 5	0.001	0.000 067 5
尖布纹藻	0.022 5	0.002	0.000 045
缢缩脆杆藻	0.022 5	0.001	0.000 022 5
宽形圆环舟形藻	0.022 5	0.03	0.000 675
棒形裸藻	0.022 5	0.04	0.000 9
三星裸藻	0.067 5	0.04	0.002 7
鱼鳞藻	0.112 5	0.03	0.003 375
棒形鼓藻	0.09	0.000 5	0.000 045
水溪绿球藻	0.022 5	0.005	0.000 112 5
湖生卵囊藻	0.337 5	0.004	0.001 35
实球藻	0.36	0.04	0.014 4
合计	4.387 5		0.051 547 5

采样时间：<u>2015 年 1 月 22 日</u>

生物类别：<u>浮游植物</u>　　记录人：_____　　记录日期：_____

样点编号：___9___　　样点位置：<u>王家营盘</u>　采样水深：_12 m_

藻类名称	密度/$10^4 \cdot L^{-1}$	湿重/（mg/万个）	生物量/mg·L^{-1}
飞燕角藻	0.08	0.12	0.009 6
多养扁裸藻	0.032	0.027	0.000 864
三星裸藻	0.064	0.04	0.002 56
湖生卵囊藻	0.512	0.004	0.002 048
棒形鼓藻	0.208	0.0005	0.000 104
细微转板藻	0.112	0.02	0.002 24
长毛针丝藻	0.032	0.002	0.000 064
针形纤维藻	0.032	0.002	0.000 064
美丽星杆藻	5.44	0.005	0.027 2
巴豆叶脆杆藻	5.312	0.001	0.005 312
鱼鳞藻	0.048	0.03	0.001 44
合 计	11.76		0.049 256

采样时间：<u>2015 年 1 月 23 日</u>
生物类别：<u>浮游植物</u>　　记录人：<u>　　　　</u>　　记录日期：<u>　　　</u>
样点编号：<u>　10　</u>　　样点位置：<u>草海出口</u>　　采样水深：<u>0.5 m</u>

藻类名称	密度/$10^4 \cdot L^{-1}$	湿重/（mg/万个）	生物量/mg·L^{-1}
喙头舟形藻	0.086	0.5	0.043
针杆藻	0.043	0.03	0.001 29
扇形藻	0.064 5	0.003	0.000 193 5
湖生卵囊藻	0.258	0.04	0.010 32
椭圆小球藻	0.602	0.000 2	0.000 120 4
游丝藻	0.021 5	0.001	0.000 021 5
基纳汉棒形鼓藻	0.021 5	0.000 5	0.000 010 75
小球藻	0.666 5	0.000 2	0.000 133 3
拟新月藻	0.064 5	0.08	0.005 16
美丽新月鼓藻	0.043	0.08	0.003 44
库氏新月鼓藻	0.086	0.08	0.006 88
弯曲栅藻	0.021 5	0.000 5	0.000 010 75
腰带多甲藻	0.043	0.05	0.002 15
花环锥囊藻	0.021 5	0.007	0.000 150 5
水华鱼腥藻	0.021 5	0.000 5	0.000 010 75
小颤藻	0.150 5	0.005	0.000 752 5
三星裸藻	0.795 5	0.04	0.031 82
合计	3.01		0.105 163 95

采样时间：<u>2015 年 1 月 23 日</u>

生物类别：<u>浮游植物</u>　　记录人：_____　　记录日期：_____

样点编号：<u>　11　</u>　　样点位置：<u>草海长桥</u>　采样水深：<u>0.5 m</u>

藻类名称	密度/$10^4 \cdot L^{-1}$	湿重/（mg/万个）	生物量/mg·L^{-1}
喙头舟形藻	0.04	0.03	0.001 2
针杆藻	0.02	0.06	0.001 2
湖生卵囊藻	0.14	0.04	0.005 6
椭圆小球藻	0.34	0.000 2	0.000 068
转板藻	0.02	0.02	0.000 4
库氏新月鼓藻	0.02	0.000 6	0.000 012
棒形鼓藻	0.02	0.000 5	0.000 01
纤细新月鼓藻	0.74	0.000 6	0.000 444
小球藻	0.42	0.000 2	0.000 084
腰带多甲藻	0.02	0.09	0.001 8
小颤藻	0.1	0.01	0.001
三星裸藻	0.8	0.04	0.032
合计	2.68		0.044 118

采样时间：<u>2015 年 1 月 23 日</u>
生物类别：<u>浮游动物</u>　　记录人：_____　　记录日期：_____
样点编号：___2___　　样点位置：<u>安娜蛾岛</u>　　采样水深：__0.5 m__

浮游动物名称	密度/个·L^{-1}	湿重/（mg/个）	生物量/mg·L^{-1}
刺胞虫	0.62	0.000 001 7	0.000 001 054
恩氏筒壳虫	3.1	0.000 03	0.000 093
短钝溞	1.24	0.2	0.248
尾泡焰毛虫	6.82	0.000 03	0.000 204 6
旋匣壳虫	0.62	0.000 015	0.000 009 3
斜管虫	4.34	0.000 24	0.001 041 6
猛水蚤	0.62	0.3	0.186
合计	17.36		0.435 349 554

采样时间：<u>2015 年 1 月 23 日</u>
生物类别：<u>浮游动物</u>　　记录人：_____　　记录日期：_____
样点编号：___3___　　样点位置：___格撒___　　采样水深：__0.5 m__

浮游动物名称	密度/个·L^{-1}	湿重/（mg/个）	生物量/mg·L^{-1}
扇形马氏虫	0.9	0.000 015	0.000 013 5
球核甲变形虫	0.9	0.000 015	0.000 013 5
偏孔沙壳虫	1.8	0.000 24	0.000 432
尾泡焰毛虫	1.8	0.000 03	0.000 054
袋形虫	7.2	0.000 036	0.000 259 2
斜管虫	0.9	0.000 05	0.000 045
鳞壳虫	0.9	0.000 24	0.000 216
合计	14.4		0.001 033 2

采样时间：<u>2015 年 1 月 22 日</u>

生物类别：<u>浮游动物</u>　　记录人：_____　　记录日期：_____

样点编号：<u>8</u>　　样点位置：<u>落凹</u>　　采样水深：<u>0.5 m</u>

浮游动物名称	密度/个·L^{-1}	湿重/（mg/个）	生物量/mg·L^{-1}
蚤状溞	0.72	0.2	0.144
独角聚花轮虫	0.72	0.000 28	0.000 201 6
鳞壳虫	0.72	0.000 24	0.000 172 8
尾泡焰毛虫	0.72	0.000 03	0.000 021 6
恩氏筒壳虫	1.44	0.000 03	0.000 043 2
尖顶沙壳虫	1.44	0.000 24	0.000 345 6
王氏拟铃虫	0.72	0.000 02	0.000 014 4
合计	6.48		0.144 799 2

采样时间：<u>2015 年 1 月 22 日</u>

生物类别：<u>浮游动物</u>　　记录人：_____　　记录日期：_____

样点编号：<u>8</u>　　样点位置：<u>落凹</u>　　采样水深：<u>6 m</u>

藻类名称	密度/10^4·L^{-1}	湿重/（mg/万个）	生物量/mg·L^{-1}
蚤状溞	2.8	0.2	0.56
猛水蚤	1.4	0.3	0.42
前节晶囊轮虫	0.7	0.016 74	0.011 718
尾泡焰毛虫	14.7	0.000 03	0.000 441
冠冕沙壳虫	0.7	0.000 24	0.000 168
尖顶沙壳虫	0.7	0.000 24	0.000 168
王氏拟铃虫	0.7	0.000 02	0.000 014
斜管虫	0.7	0.000 05	0.000 035
鳞壳虫	0.7	0.000 24	0.000 168
小筒壳虫	0.7	0.000 03	0.000 021
合计	23.8		0.992 733

采样时间：2015 年 1 月 22 日

生物类别：浮游动物　　记录人：＿＿＿＿＿　　记录日期：＿＿＿＿

样点编号：＿＿9＿　　样点位置：王家营盘　采样水深：＿0.5 m

浮游动物名称	密度/个·L^{-1}	湿重/（mg/个）	生物量/mg·L^{-1}
团焰毛虫	0.6	0.000 03	0.000 018
叉口沙壳虫	0.6	0.000 24	0.000 144
隆线蚤	0.6	0.2	0.12
刺胞虫	0.6	0.000 001 7	0.000 001 02
普通表壳虫	0.6	0.001	0.000 6
鳞壳虫	0.6	0.000 24	0.000 144
膜袋虫	0.6	0.000 001 7	0.000 001 02
小旋口虫	0.6	0.000 014	0.000 008 4
尾泡焰毛虫	1.2	0.000 03	0.000 036
长圆沙壳虫	0.6	0.000 24	0.000 144
似钟虫	0.6	0.000 014	0.000 008 4
爽壳虫	0.6	0.000 03	0.000 018
蚤状潘	0.6	0.2	0.12
合计	8.4		0.241 122 84

采样时间：2015 年 1 月 22 日

生物类别：浮游动物　　记录人：＿＿＿＿＿　　记录日期：＿＿＿＿

样点编号：＿＿9＿　　样点位置：王家营盘　采样水深：＿12 m＿

浮游动物名称	密度/个·L^{-1}	湿重/（mg/个）	生物量/mg·L^{-1}
有棘鳞壳虫	0.6	0.000 24	0.000 144
隆线蚤	2.4	0.2	0.48
尾泡焰毛虫	1.8	0.000 03	0.000 054
恩氏筒壳虫	0.6	0.000 03	0.000 018
合计	5.4		0.480 216

采样时间：<u>2015 年 1 月 23 日</u>
生物类别：<u>浮游动物</u>　　记录人：<u>　　　　</u>　　记录日期：<u>　　　</u>
样点编号：<u>　　10　　</u>　样点位置：<u>草海出口</u>　采样水深：<u>0.5 m</u>

浮游动物名称	密度/个·L^{-1}	湿重/（mg/个）	生物量/mg·L^{-1}
蚤状溞	0.9	0.2	0.18
恩氏筒壳虫	1.8	0.000 03	0.000 054
袋形虫	3.6	0.000 036	0.000 129 6
尾泡焰毛虫	3.6	0.000 03	0.000 108
鳞壳虫	0.9	0.000 24	0.000 216
卡变虫	0.9	0.000 015	0.000 013 5
合计	11.7		0.180 521 1

采样时间：<u>2015 年 1 月 23 日</u>
生物类别：<u>浮游动物</u>　　记录人：<u>　　　　</u>　　记录日期：<u>　　　</u>
样点编号：<u>　　11　　</u>　样点位置：<u>草海长桥</u>　采样水深：<u>0.5 m</u>

浮游动物名称	密度/个·L^{-1}	湿重/（mg/个）	生物量/mg·L^{-1}
十指平甲轮虫	3.6	0.002 5	0.009
恩氏筒壳虫	0.6	0.000 03	0.000 018
桡足无节幼体	9	0.02	0.18
剑水蚤	4.8	0.03	0.144
泡抱球虫	0.6	0.000 001 7	0.000 001 02
刺胞虫	0.6	0.000 001 7	0.000 001 02
甲变形虫	0.6	0.000 015	0.000 009
合计	19.8		0.333 029 04

A3　2015 年 6 月浮游生物定量记录表

2015 年 6 月 6—8 日对 11 个样点进行采样，其中浮游植物 38 个样，浮游动物 38 个样。

采样时间：<u>2015 年 6 月 7 日</u>

生物类别：<u>浮游植物</u>　　记录人：<u>　　　　　</u>　　记录日期：<u>　　　　</u>

样点编号：<u>　　1　　</u>　　样点位置：<u>　达组　</u>　　采样水深：<u>　0.5 m　</u>

藻类名称	密度/$10^4 \cdot L^{-1}$	湿重/（mg/万个）	生物量/mg·L^{-1}
腰带多甲藻	0.11	0.09	0.009 9
光甲藻	0.21	0.04	0.008 4
飞燕角甲藻	0.01	0.12	0.001 2
腰带光甲藻	0.05	0.09	0.004 5
小球藻	1.92	0.000 2	0.000 384
美丽星杆藻	0.12	0.005	0.000 6
小环藻	6.1	0.003	0.018 3
针杆藻	0.02	0.005	0.000 1
舟形藻	0.01	0.015	0.000 15
星形库氏小环藻	1.61	0.007	0.011 27
隐藻	0.04	0.01	0.000 4
锥囊藻	0.29	0.007	0.002 03
色球藻	0.01	0.002	0.000 02
密集肾胞藻	0.48	0.007	0.003 36
裸藻	0.01	0.002	0.000 02
总　计	10.99		0.060 634

采样时间：<u>2015 年 6 月 7 日</u>

生物类别：<u>浮游植物</u>　记录人：<u>　　　　　</u>　记录日期：<u>　　　　</u>

样点编号：<u>　　1　　</u>　样点位置：<u>　达组　</u>　采样水深：<u>　5 m　</u>

藻类名称	密度/$10^4 \cdot L^{-1}$	湿重/（mg/万个）	生物量/$mg \cdot L^{-1}$
腰带多甲藻	0.97	0.09	0.087 3
光甲藻	0.25	0.04	0.01
飞燕角甲藻	0.03	0.12	0.003 6
腰带光甲藻	0.1	0.09	0.009
小球藻	2.55	0.000 2	0.000 51
美丽星杆藻	0.18	0.005	0.000 9
小环藻	8.6	0.003	0.025 8
舟形藻	0.01	0.015	0.000 15
星形库氏小环藻	1.22	0.007	0.008 54
隐藻	0.69	0.01	0.006 9
锥囊藻	0.23	0.007	0.001 61
色球藻	0.02	0.002	0.000 04
鱼腥藻	0.02	0.000 5	0.000 01
密集肾胞藻	0.2	0.007	0.001 4
裸藻	0.11	0.002	0.000 22
总计	15.18		0.155 98

采样时间：<u>2015 年 6 月 7 日</u>
生物类别：<u>浮游植物</u>　　记录人：_____　　记录日期：_____
样点编号：____1____　　样点位置：__达组__　　采样水深：__9 m__

藻类名称	密度/$10^4 \cdot L^{-1}$	湿重/（mg/万个）	生物量/mg·L^{-1}
腰带多甲藻	0.51	0.09	0.045 9
光甲藻	0.22	0.04	0.008 8
飞燕角甲藻	0.05	0.12	0.006
腰带光甲藻	0.13	0.09	0.011 7
念珠藻	0.2	0.000 2	0.000 04
小球藻	1.52	0.000 2	0.000 304
美丽星杆藻	0.26	0.005	0.001 3
小环藻	18.6	0.003	0.055 8
舟形藻	0.03	0.015	0.000 45
星形库氏小环藻	3.83	0.007	0.026 81
隐藻	4.02	0.01	0.040 2
锥囊藻	0.71	0.007	0.004 97
色球藻	0.15	0.002	0.000 3
鱼腥藻	0.01	0.000 5	0.000 005
密集肾胞藻	0.39	0.007	0.002 73
裸藻	0.03	0.002	0.000 06
总计	30.66		0.205 369

采样时间：<u>2015 年 6 月 7 日</u>

生物类别：<u>浮游植物</u>　记录人：_____　记录日期：_____

样点编号：____1____　样点位置：__达组__　采样水深：__12 m__

藻类名称	密度/$10^4 \cdot L^{-1}$	湿重/（mg/万个）	生物量/mg·L^{-1}
腰带多甲藻	0.2	0.09	0.018
光甲藻	0.01	0.04	0.000 4
极小多甲藻	0.11	0.05	0.005 5
橄榄肾形藻	0.01	0.007	0.000 07
四胞藻	0.01	0.000 75	0.000 007 5
空球藻	0.05	0.02	0.001
球形绿藻	0.07	0.000 2	0.000 014
十字藻	0.04	0.001	0.000 04
绿球藻	0.03	0.005	0.000 15
小环藻	4.62	0.003	0.013 86
小舟形藻	0.01	0.015	0.000 15
星形库氏小环藻	1.65	0.007	0.011 55
裸藻	0.31	0.002	0.000 62
啮蚀隐藻	0.51	0.01	0.005 1
锥囊藻	0.06	0.007	0.000 42
纤维藻	0.01	0.002	0.000 02
色球藻	0.15	0.002	0.000 3
密集肾胞藻	0.39	0.007	0.002 73
总计	8.24		0.059 931 5

187

采样时间：_2015 年 6 月 7 日_

生物类别：_浮游植物_　　记录人：_____　　记录日期：_____

样点编号：_____2_____　　样点位置：_安娜蛾岛_　采样水深：__0.5 m_

藻类名称	密度/$10^4 \cdot L^{-1}$	湿重/（mg/万个）	生物量/mg·L^{-1}
腰带多甲藻	0.38	0.09	0.034 2
光甲藻	0.27	0.04	0.010 8
飞燕角甲藻	0.02	0.12	0.002 4
腰带光甲藻	0.16	0.09	0.014 4
鼓藻	0.03	0.000 5	0.000 015
小球藻	2.22	0.000 2	0.000 444
美丽星杆藻	0.14	0.005	0.000 7
小环藻	10.05	0.003	0.030 15
舟形藻	0.03	0.015	0.000 45
星形库氏小环藻	2.24	0.007	0.015 68
隐藻	0.67	0.01	0.006 7
锥囊藻	0.38	0.007	0.002 66
色球藻	0.07	0.002	0.000 14
密集肾胞藻	1.23	0.007	0.008 61
裸藻	0.04	0.002	0.000 08
总计	17.93		0.127 429

采样时间：<u>2015 年 6 月 7 日</u>
生物类别：<u>浮游植物</u>　　记录人：_____　　记录日期：_____
样点编号：____2____　　样点位置：<u>安娜蛾岛</u>　采样水深：___5 m___

藻类名称	密度/$10^4 \cdot L^{-1}$	湿重/（mg/万个）	生物量/mg·L^{-1}
腰带多甲藻	0.48	0.09	0.043 2
光甲藻	0.13	0.04	0.005 2
飞燕角甲藻	0.04	0.12	0.004 8
腰带光甲藻	0.17	0.09	0.015 3
念珠藻	0.03	0.000 2	0.000 006
小球藻	1.4	0.000 2	0.000 28
美丽星杆藻	0.05	0.005	0.000 25
小环藻	6.4	0.003	0.019 2
舟形藻	0.05	0.015	0.000 75
星形库氏小环藻	1.74	0.007	0.012 18
隐藻	0.5	0.01	0.005
锥囊藻	0.33	0.007	0.002 31
色球藻	0.08	0.002	0.000 16
鱼腥藻	0.01	0.000 5	0.000 005
密集肾胞藻	1.03	0.007	0.007 21
裸藻	0.08	0.002	0.000 16
总计	12.52		0.116 011

采样时间：<u>2015 年 6 月 7 日</u>

生物类别：<u>浮游植物</u>　　记录人：_____　记录日期：_____

样点编号：____2____　　样点位置：<u>安娜蛾岛</u>　采样水深：___9 m___

藻类名称	密度/$10^4 \cdot L^{-1}$	湿重/（mg/万个）	生物量/mg·L^{-1}
腰带多甲藻	0.48	0.09	0.043 2
光甲藻	0.28	0.04	0.011 2
飞燕角甲藻	0.05	0.12	0.006
腰带光甲藻	0.11	0.09	0.009 9
小球藻	1.72	0.000 2	0.000 344
美丽星杆藻	0.1	0.005	0.000 5
小环藻	15.99	0.003	0.047 97
舟形藻	0.11	0.015	0.001 65
星形库氏小环藻	2.43	0.007	0.017 01
隐藻	1.89	0.01	0.018 9
锥囊藻	0.31	0.007	0.002 17
色球藻	0.1	0.002	0.000 2
鱼腥藻	0.01	0.000 5	0.000 005
密集肾胞藻	0.61	0.007	0.004 27
裸藻	0.01	0.002	0.000 02
总计	24.2		0.163 339

采样时间：<u>2015 年 6 月 7 日</u>

生物类别：<u>浮游植物</u>　　记录人：_____　记录日期：_____

样点编号：____2____　样点位置：<u>安娜蛾岛</u>　采样水深：__12 m__

藻类名称	密度/$10^4 \cdot L^{-1}$	湿重/（mg/万个）	生物量/mg·L^{-1}
腰带多甲藻	0.42	0.09	0.037 8
光甲藻	0.05	0.04	0.002
腰带光甲藻	0.06	0.09	0.005 4
念珠藻	0.05	0.000 2	0.000 01
小球藻	0.64	0.000 2	0.000 128
美丽星杆藻	0.11	0.005	0.000 55
小环藻	5.27	0.003	0.015 81
舟形藻	0.02	0.015	0.000 3
星形库氏小环藻	1.17	0.007	0.008 19
隐藻	0.71	0.01	0.007 1
锥囊藻	0.29	0.007	0.002 03
鱼腥藻	0.01	0.000 5	0.000 005
密集肾胞藻	0.14	0.007	0.000 98
裸藻	0.02	0.002	0.000 04
总计	8.96		0.080 343

采样时间：<u>2015 年 6 月 7 日</u>

生物类别：<u>浮游植物</u>　记录人：_____　记录日期：_____

样点编号：____3____　样点位置：__格撒__　采样水深：__0.5 m__

藻类名称	密度/$10^4 \cdot L^{-1}$	湿重/（mg/万个）	生物量/mg·L^{-1}
腰带多甲藻	0.03	0.09	0.002 7
光甲藻	0.075	0.04	0.003
橄榄肾形藻	0.015	0.007	0.000 105
飞燕角甲藻	0.015	0.12	0.001 8
鼓藻	0.015	0.000 5	0.000 007 5
腰带光甲藻	0.12	0.09	0.010 8
小球藻	1.605	0.000 2	0.000 321
美丽星杆藻	0.09	0.005	0.000 45
小环藻	6.945	0.003	0.020 835
针杆藻	0.015	0.005	0.000 075
星形库氏小环藻	1.77	0.007	0.012 39
隐藻	0.135	0.01	0.001 35
锥囊藻	0.135	0.007	0.000 945
色球藻	0.135	0.002	0.000 27
密集肾胞藻	0.615	0.007	0.004 305
总计	11.715		0.059 353 5

采样时间：<u>2015 年 6 月 7 日</u>

生物类别：<u>浮游植物</u>　　记录人：_____　记录日期：_____

样点编号：____3____　　样点位置：__格撒__　采样水深：__5 m__

藻类名称	密度/$10^4 \cdot L^{-1}$	湿重/（mg/万个）	生物量/mg·L^{-1}
腰带多甲藻	0.15	0.09	0.013 5
光甲藻	0.105	0.04	0.004 2
飞燕角甲藻	0.015	0.12	0.001 8
腰带光甲藻	0.225	0.09	0.020 25
念珠藻	0.48	0.000 2	0.000 096
小球藻	1.59	0.000 2	0.000 318
美丽星杆藻	0.045	0.005	0.000 225
小环藻	19.11	0.003	0.057 33
舟形藻	0.03	0.015	0.000 45
星形库氏小环藻	3.045	0.007	0.021 315
隐藻	3.06	0.01	0.030 6
锥囊藻	0.105	0.007	0.000 735
色球藻	0.105	0.002	0.000 21
密集肾胞藻	0.75	0.007	0.005 25
漂流藻	0.015	0.002	0.000 03
裸藻	0.195	0.002	0.000 39
总计	29.025		0.156 699

采样时间：<u>2015 年 6 月 7 日</u>

生物类别：<u>浮游植物</u>　记录人：<u>　　　　　</u>　记录日期：<u>　　　</u>

样点编号：<u>　　3　</u>　样点位置：<u>格撒</u>　采样水深：<u>9 m</u>

藻类名称	密度/$10^4 \cdot L^{-1}$	湿重/（mg/万个）	生物量/mg·L^{-1}
腰带多甲藻	0.645	0.09	0.058 05
光甲藻	0.42	0.04	0.016 8
飞燕角甲藻	0.12	0.12	0.014 4
腰带光甲藻	0.465	0.09	0.041 85
念珠藻	0.495	0.000 2	0.000 099
小球藻	0.72	0.000 2	0.000 144
美丽星杆藻	0.075	0.005	0.000 375
小环藻	22.395	0.003	0.067 185
舟形藻	0.045	0.015	0.000 675
星形库氏小环藻	4.215	0.007	0.029 505
隐藻	5.49	0.01	0.054 9
黄群藻	0.06	0.12	0.007 2
锥囊藻	0.435	0.007	0.003 045
色球藻	0.33	0.002	0.000 66
颤藻	0.03	0.01	0.000 3
鱼腥藻	0.015	0.0005	0.000 007 5
密集肾胞藻	0.36	0.007	0.002 52
裸藻	0.33	0.002	0.000 66
总计	36.645		0.298 375 5

采样时间：<u>2015 年 6 月 7 日</u>

生物类别：<u>浮游植物</u>　　记录人：_____　记录日期：_____

样点编号：___3___　　样点位置：__格撒__　采样水深：__12 m__

藻类名称	密度/10^4·L^{-1}	湿重/（mg/万个）	生物量/mg·L^{-1}
腰带多甲藻	0.645	0.09	0.058 05
光甲藻	0.615	0.04	0.024 6
飞燕角甲藻	0.135	0.12	0.016 2
腰带光甲藻	0.195	0.09	0.017 55
念珠藻	0.645	0.000 2	0.000 129
鼓藻	0.03	0.000 5	0.000 015
小球藻	1.335	0.000 2	0.000 267
美丽星杆藻	0.135	0.005	0.000 675
小环藻	24.825	0.003	0.074 475
舟形藻	0.045	0.015	0.000 675
星形库氏小环藻	1.95	0.007	0.013 65
隐藻	1.71	0.01	0.017 1
锥囊藻	0.09	0.007	0.000 63
色球藻	0.075	0.002	0.000 15
密集肾胞藻	0.27	0.007	0.001 89
裸藻	0.105	0.002	0.000 21
总计	32.805		0.226 266

采样时间：<u>2015 年 6 月 7 日</u>

生物类别：<u>浮游植物</u>　记录人：＿＿＿＿＿＿＿　记录日期：＿＿＿＿＿

样点编号：＿＿<u>4</u>＿＿　样点位置：<u>近岸深水点</u> 采样水深：＿<u>0.5 m</u>

藻类名称	密度/$10^4 \cdot L^{-1}$	湿重/（mg/万个）	生物量/mg·L^{-1}
腰带多甲藻	0.03	0.09	0.002 7
光甲藻	0.03	0.04	0.001 2
腰带光甲藻	0.06	0.09	0.005 4
小球藻	1.56	0.000 2	0.000 312
美丽星杆藻	0.01	0.005	0.000 05
小环藻	3.03	0.003	0.009 09
星形库氏小环藻	0.82	0.007	0.005 74
隐藻	0.08	0.01	0.000 8
锥囊藻	0.13	0.007	0.000 91
色球藻	0.04	0.002	0.000 08
密集肾胞藻	0.31	0.007	0.002 17
总 计	6.1		0.028 452

采样时间：<u>2015 年 6 月 7 日</u>

生物类别：<u>浮游植物</u>　记录人：＿＿＿＿＿＿　记录日期：＿＿＿＿＿

样点编号：＿＿<u>4</u>＿＿　样点位置：<u>近岸深水点</u>　采样水深：＿<u>5 m</u>＿

藻类名称	密度/$10^4 \cdot L^{-1}$	湿重/（mg/万个）	生物量/mg·L^{-1}
腰带多甲藻	0.12	0.09	0.010 8
光甲藻	0.14	0.04	0.005 6
飞燕角甲藻	0.02	0.12	0.002 4
腰带光甲藻	0.1	0.09	0.009
念珠藻	0.49	0.000 2	0.000 098
实球藻	0.07	0.04	0.002 8
四胞藻	0.05	0.000 75	0.000 037 5
小球藻	0.61	0.000 2	0.000 122
空球藻	0.02	0.02	0.000 4
栅藻	0.06	0.002	0.000 12
刚毛藻	0.02	0.02	0.000 4
美丽星杆藻	0.03	0.005	0.000 15
小环藻	6.19	0.003	0.018 57
舟形藻	0.09	0.015	0.001 35
星形库氏小环藻	2.66	0.007	0.018 62
盘筛藻	0.1	0.002	0.000 2
隐藻	2.44	0.01	0.024 4
黄群藻	0.03	0.12	0.003 6
锥囊藻	0.32	0.007	0.002 24
色球藻	0.52	0.002	0.001 04
微囊藻	0.16	0.003	0.000 48
密集肾胞藻	1.61	0.007	0.011 27
漂流藻	0.03	0.002	0.000 06
裸藻	0.3	0.002	0.000 6
总计	16.18		0.114 357 5

采样时间：2015 年 6 月 7 日

生物类别：　浮游植物　　记录人：＿＿＿＿＿　记录日期：＿＿＿＿

样点编号：＿＿4＿＿　样点位置：近岸深水点 采样水深：＿9 m＿

藻类名称	密度/$10^4 \cdot L^{-1}$	湿重/（mg/万个）	生物量/mg·L^{-1}
腰带多甲藻	0.47	0.09	0.042 3
光甲藻	0.17	0.04	0.006 8
飞燕角甲藻	0.09	0.12	0.010 8
腰带光甲藻	0.11	0.09	0.009 9
念珠藻	0.02	0.000 2	0.000 004
小球藻	2.05	0.000 2	0.000 41
美丽星杆藻	0.06	0.005	0.000 3
小环藻	9.87	0.003	0.029 61
舟形藻	0.01	0.015	0.000 15
星形库氏小环藻	1.59	0.007	0.011 13
隐藻	0.93	0.01	0.009 3
锥囊藻	0.14	0.007	0.000 98
色球藻	0.31	0.002	0.000 62
密集肾胞藻	0.34	0.007	0.002 38
裸藻	0.01	0.002	0.000 02
总计	16.17		0.124 704

采样时间：<u>2015 年 6 月 7 日</u>

生物类别：<u>浮游植物</u>　　记录人：_____　记录日期：_____

样点编号：____4____　　样点位置：<u>近岸深水点</u>　采样水深：__12 m__

藻类名称	密度/$10^4 \cdot L^{-1}$	湿重/（mg/万个）	生物量/mg · L^{-1}
腰带多甲藻	0.28	0.09	0.025 2
光甲藻	0.08	0.04	0.003 2
飞燕角甲藻	0.04	0.12	0.004 8
腰带光甲藻	0.14	0.09	0.012 6
念珠藻	0.62	0.000 2	0.000 124
四鞭藻	0.01	0.005	0.000 05
小球藻	1.55	0.000 2	0.000 31
美丽星杆藻	0.07	0.005	0.000 35
小环藻	15	0.003	0.045
针杆藻	0.01	0.005	0.000 05
舟形藻	0.02	0.015	0.000 3
星形库氏小环藻	3.4	0.007	0.023 8
隐藻	1.93	0.01	0.019 3
黄群藻	0.01	0.12	0.001 2
锥囊藻	0.4	0.007	0.002 8
色球藻	0.07	0.002	0.000 14
密集肾胞藻	0.29	0.007	0.002 03
裸藻	0.02	0.002	0.000 04
总计	23.94		0.141 294

采样时间：<u>2015 年 6 月 7 日</u>

生物类别：<u>浮游植物</u>　　记录人：<u>　　　　　　</u>　　记录日期：<u>　　　　</u>

样点编号：<u>　　　5　　</u>　　样点位置：<u>　湖心点　</u>　采样水深：<u>　0.5 m　</u>

藻类名称	密度/$10^4 \cdot L^{-1}$	湿重/（mg/万个）	生物量/mg·L^{-1}
腰带多甲藻	0.06	0.09	0.005 4
光甲藻	0.19	0.04	0.007 6
腰带光甲藻	0.16	0.09	0.014 4
小球藻	1.33	0.000 2	0.000 266
美丽星杆藻	0.14	0.005	0.000 7
小环藻	8.35	0.003	0.025 05
舟形藻	0.02	0.015	0.000 3
星形库氏小环藻	1.15	0.007	0.008 05
隐藻	0.24	0.01	0.002 4
黄群藻	0.02	0.12	0.002 4
锥囊藻	0.27	0.007	0.001 89
色球藻	0.02	0.002	0.000 04
密集肾胞藻	0.89	0.007	0.006 23
裸藻	0.03	0.002	0.000 06
总计	12.87		0.074 786

采样时间：<u>2015 年 6 月 7 日</u>

生物类别：<u>浮游植物</u>　　记录人：<u>　　　　　　</u>　　记录日期：<u>　　　</u>

样点编号：<u>　　5　　</u>　　样点位置：<u>　湖心点　</u>　采样水深：<u>　5 m　</u>

藻类名称	密度/$10^4 \cdot L^{-1}$	湿重/（mg/万个）	生物量/mg·L^{-1}
腰带多甲藻	0.18	0.09	0.016 2
双足多甲藻	0.01	0.05	0.000 5
裸甲藻	0.06	0.008	0.000 48
飞燕角甲藻	0.03	0.12	0.003 6
薄甲藻	0.06	0.028	0.001 68
念珠藻	0.22	0.000 2	0.000 044
小球藻	0.09	0.000 2	0.000 018
长绿梭藻	0.02	0.003	0.000 06
四胞藻	0.06	0.000 75	0.000 045
空球藻	0.02	0.02	0.000 4
小环藻	2.69	0.003	0.008 07
舟形藻	0.05	0.015	0.000 75
星形库氏小环藻	0.71	0.007	0.004 97
盘筛藻	0.01	0.002	0.000 02
隐藻	0.65	0.01	0.006 5
锥囊藻	0.17	0.007	0.001 19
微囊藻	0.35	0.003	0.001 05
色球藻	0.17	0.002	0.000 34
鞘丝藻	0.15	0.000 25	0.000 037 5
拟鱼腥藻	0.01	0.000 5	0.000 005
鱼腥藻	0.04	0.000 5	0.000 02
密集肾胞藻	0.33	0.007	0.002 31
合计	6.08		0.048 289 5

采样时间：<u>2015 年 6 月 7 日</u>
生物类别：<u>浮游植物</u>　记录人：<u>　　　　　</u>　记录日期：<u>　　　</u>
样点编号：<u>　　5　　</u>　样点位置：<u>湖心点</u>　采样水深：<u>　9 m　</u>

藻类名称	密度/$10^4 \cdot L^{-1}$	湿重/（mg/万个）	生物量/mg·L^{-1}
腰带多甲藻	0.28	0.09	0.025 2
光甲藻	0.31	0.04	0.012 4
飞燕角甲藻	0.04	0.12	0.004 8
腰带光甲藻	0.14	0.09	0.012 6
念珠藻	0.19	0.000 2	0.000 038
橄榄肾形藻	0.01	0.007	0.000 07
小球藻	0.44	0.000 2	0.000 088
美丽星杆藻	0.06	0.005	0.000 3
小环藻	6.92	0.003	0.020 76
舟形藻	0.06	0.015	0.000 9
星形库氏小环藻	2.23	0.007	0.015 61
盘筛藻	0.01	0.002	0.000 02
隐藻	1.31	0.01	0.013 1
黄群藻	0.01	0.12	0.001 2
锥囊藻	0.22	0.007	0.001 54
色球藻	0.13	0.002	0.000 26
微囊藻	0.18	0.003	0.000 54
密集肾胞藻	0.48	0.007	0.003 36
裸藻	0.1	0.002	0.000 2
总计	13.12		0.112 986

采样时间：<u>2015 年 6 月 7 日</u>

生物类别：<u>浮游植物</u>　记录人：_____　记录日期：_____

样点编号：____<u>5</u>____　样点位置：<u>湖心点</u>　采样水深：__<u>12 m</u>__

藻类名称	密度/$10^4 \cdot L^{-1}$	湿重/（mg/万个）	生物量/mg·L^{-1}
腰带多甲藻	0.4	0.09	0.036
光甲藻	0.02	0.04	0.000 8
飞燕角甲藻	0.01	0.12	0.001 2
腰带光甲藻	0.24	0.09	0.021 6
念珠藻	0.11	0.000 2	0.000 022
四胞藻	0.01	0.000 75	0.000 007 5
小球藻	1.03	0.000 2	0.000 206
美丽星杆藻	0.04	0.005	0.000 2
小环藻	13.52	0.003	0.040 56
针杆藻	0.05	0.005	0.000 25
星形库氏小环藻	3.09	0.007	0.021 63
隐藻	1.94	0.01	0.019 4
锥囊藻	0.35	0.007	0.002 45
色球藻	0.18	0.002	0.000 36
颤藻	0.03	0.01	0.000 3
密集肾胞藻	1.73	0.007	0.012 11
裸藻	0.22	0.002	0.000 44
合计	22.97		0.157 535 5

采样时间：<u>2015 年 6 月 7 日</u>
生物类别：<u>浮游植物</u>　记录人：<u>　　　　　</u>　记录日期：<u>　　　</u>
样点编号：<u>　6　</u>　样点位置：<u>赵家湾</u>　采样水深：<u>0.5 m</u>

藻类名称	密度/$10^4 \cdot L^{-1}$	湿重/（mg/万个）	生物量/mg·L^{-1}
腰带多甲藻	0.165	0.09	0.014 85
光甲藻	1.215	0.04	0.048 6
腰带光甲藻	0.21	0.09	0.018 9
念珠藻	0.495	0.000 2	0.000 099
实球藻	0.03	0.04	0.001 2
橄榄肾形藻	0.03	0.007	0.000 21
小球藻	0.36	0.000 2	0.000 072
美丽星杆藻	0.045	0.005	0.000 225
小环藻	9.375	0.003	0.028 125
舟形藻	0.165	0.015	0.002 475
星形库氏小环藻	4.56	0.007	0.031 92
隐藻	1.68	0.01	0.016 8
黄群藻	0.015	0.12	0.001 8
锥囊藻	0.3	0.007	0.002 1
色球藻	0.315	0.002	0.000 63
鞘丝藻	0.015	0.000 25	0.000 003 75
颤藻	0.075	0.01	0.000 75
微囊藻	0.6	0.003	0.001 8
密集肾胞藻	1.845	0.007	0.012 915
裸藻	0.18	0.002	0.00036
合计	21.675		0.18383475

采样时间：<u>2015 年 6 月 7 日</u>

生物类别：<u>浮游植物</u>　记录人：<u>　　　　　　</u>　记录日期：<u>　　　　</u>

样点编号：<u>　　6　　</u>　样点位置：<u>赵家湾</u>　采样水深：<u>　5 m　</u>

藻类名称	密度/$10^4 \cdot L^{-1}$	湿重/（mg/万个）	生物量/mg·L^{-1}
腰带多甲藻	0.255	0.09	0.022 95
光甲藻	0.165	0.04	0.006 6
飞燕角甲藻	0.03	0.12	0.003 6
腰带光甲藻	0.3	0.09	0.027
鼓藻	0.045	0.000 5	0.000 022 5
小球藻	3.855	0.000 2	0.000 771
刚毛藻	0.015	0.02	0.000 3
美丽星杆藻	0.27	0.005	0.001 35
小环藻	11.19	0.003	0.033 57
舟形藻	0.03	0.015	0.000 45
星形库氏小环藻	2.085	0.007	0.014 595
盘筛藻	0.015	0.002	0.000 03
隐藻	0.18	0.01	0.001 8
锥囊藻	0.21	0.007	0.001 47
色球藻	0.075	0.002	0.000 15
密集肾胞藻	1.155	0.007	0.008 085
裸藻	0.015	0.002	0.000 03
合计	19.89		0.122 773 5

采样时间：2015 年 6 月 7 日
生物类别：<u>浮游植物</u>　记录人：_____　记录日期：_____
样点编号：___6___　样点位置：<u>赵家湾</u>　采样水深：___9 m___

藻类名称	密度/$10^4 \cdot L^{-1}$	湿重/（mg/万个）	生物量/mg·L^{-1}
腰带多甲藻	0.48	0.09	0.043 2
光甲藻	0.795	0.04	0.031 8
飞燕角甲藻	0.06	0.12	0.007 2
腰带光甲藻	0.315	0.09	0.028 35
念珠藻	0.6	0.0002	0.000 12
橄榄肾形藻	0.03	0.007	0.000 21
小球藻	1.86	0.000 2	0.000 372
栅藻	0.015	0.002	0.000 03
美丽星杆藻	0.21	0.005	0.001 05
小环藻	17.835	0.003	0.053 505
舟形藻	0.21	0.015	0.003 15
星形库氏小环藻	3.66	0.007	0.025 62
隐藻	3.96	0.01	0.039 6
锥囊藻	0.645	0.007	0.004 515
色球藻	0.315	0.002	0.000 63
颤藻	0.03	0.01	0.000 3
鱼腥藻	0.015	0.000 5	0.000 007 5
密集肾胞藻	0.525	0.007	0.003 675
裸藻	0.06	0.002	0.000 12
总计	31.62		0.243 454 5

采样时间：<u>2015 年 6 月 7 日</u>
生物类别：<u>浮游植物</u>　记录人：＿＿＿＿＿＿　记录日期：＿＿＿＿＿
样点编号：＿＿<u>6</u>＿＿　样点位置：<u>赵家湾</u>　采样水深：＿<u>12 m</u>＿

藻类名称	密度/$10^4 \cdot L^{-1}$	湿重/（mg/万个）	生物量/mg·L^{-1}
腰带多甲藻	0.15	0.09	0.013 5
光甲藻	0.33	0.04	0.013 2
飞燕角甲藻	0.045	0.12	0.005 4
腰带光甲藻	0.045	0.09	0.004 05
念珠藻	0.39	0.000 2	0.000 078
杂球藻	0.105	0.002	0.000 21
实球藻	0.27	0.04	0.010 8
小球藻	0.885	0.000 2	0.000 177
栅藻	0.015	0.002	0.000 03
刚毛藻	0.045	0.02	0.000 9
美丽星杆藻	0.045	0.005	0.000 225
小环藻	6.525	0.003	0.019 575
舟形藻	0.045	0.015	0.000 675
星形库氏小环藻	3.495	0.007	0.024 465
盘筛藻	0.18	0.002	0.000 36
隐藻	1.785	0.01	0.017 85
黄群藻	0.135	0.12	0.016 2
锥囊藻	0.405	0.007	0.002 835
色球藻	0.525	0.002	0.001 05
颤藻	0.24	0.01	0.002 4
鱼腥藻	0.03	0.000 5	0.000 015
圆筛藻	0.075	0.002	0.000 15
密集肾胞藻	1.35	0.007	0.009 45
漂流藻	0.015	0.002	0.000 03
裸藻	0.075	0.002	0.000 15
总计	17.205		0.143 775

采样时间：<u>2015 年 6 月 7 日</u>

生物类别：<u>浮游植物</u>　记录人：_____　记录日期：_____

样点编号：___<u>7</u>___　样点位置：<u>长岛湾</u>　采样水深：<u>0.5 m</u>

藻类名称	密度/$10^4 \cdot L^{-1}$	湿重/（mg/万个）	生物量/mg·L^{-1}
腰带多甲藻	0.27	0.09	0.024 3
光甲藻	0.17	0.04	0.006 8
飞燕角甲藻	0.01	0.12	0.001 2
腰带光甲藻	0.2	0.09	0.018
鼓藻	0.01	0.000 5	0.000 005
小球藻	2.15	0.000 2	0.000 43
美丽星杆藻	0.03	0.005	0.000 15
小环藻	5.8	0.003	0.017 4
舟形藻	0.04	0.015	0.000 6
星形库氏小环藻	1.34	0.007	0.009 38
隐藻	0.83	0.01	0.008 3
锥囊藻	0.2	0.007	0.001 4
密集肾胞藻	0.4	0.007	0.002 8
总计	11.45		0.090 765

采样时间：<u>2015 年 6 月 7 日</u>
生物类别：<u>浮游植物</u>　记录人：_____　记录日期：_____
样点编号：___7___　样点位置：<u>长岛湾</u>　采样水深：__5 m__

藻类名称	密度/$10^4 \cdot L^{-1}$	湿重/（mg/万个）	生物量/mg·L^{-1}
腰带多甲藻	0.07	0.09	0.006 3
光甲藻	0.06	0.04	0.002 4
飞燕角甲藻	0.01	0.12	0.001 2
薄甲藻	0.01	0.028	0.000 28
念珠藻	0.3	0.000 2	0.000 06
小球藻	0.27	0.000 2	0.000 054
栅藻	0.02	0.002	0.000 04
刚毛藻	0.02	0.02	0.000 4
美丽星杆藻	0.03	0.005	0.000 15
小环藻	4.75	0.003	0.014 25
舟形藻	0.02	0.015	0.000 3
星形库氏小环藻	1.83	0.007	0.012 81
盘筛藻	0.05	0.002	0.000 1
隐藻	1.19	0.01	0.011 9
锥囊藻	0.17	0.007	0.001 19
微囊藻	0.1	0.003	0.000 3
色球藻	0.03	0.002	0.000 06
鱼腥藻	0.03	0.000 5	0.000 015
圆筛藻	0.17	0.002	0.000 34
密集肾胞藻	0.18	0.007	0.001 26
漂流藻	0.06	0.002	0.000 12
裸藻	0.03	0.002	0.000 06
总计	9.4		0.053 589

209

采样时间：<u>2015 年 6 月 7 日</u>
生物类别：<u>浮游植物</u>　　记录人：_____　记录日期：_____
样点编号：____7____　　样点位置：<u>长岛湾</u>　采样水深：__9 m__

藻类名称	密度/$10^4 \cdot L^{-1}$	湿重/（mg/万个）	生物量/mg·L^{-1}
腰带多甲藻	0.37	0.09	0.033 3
光甲藻	0.42	0.04	0.016 8
飞燕角甲藻	0.02	0.12	0.002 4
腰带光甲藻	0.2	0.09	0.018
念珠藻	0.41	0.000 2	0.000 082
小球藻	1.78	0.000 2	0.000 356
美丽星杆藻	0.16	0.005	0.000 8
小环藻	15.27	0.003	0.045 81
舟形藻	0.01	0.015	0.000 15
星形库氏小环藻	3	0.007	0.021
隐藻	2.93	0.01	0.029 3
锥囊藻	0.36	0.007	0.002 52
色球藻	0.11	0.002	0.000 22
密集肾胞藻	0.32	0.007	0.002 24
漂流藻	0.01	0.002	0.000 02
裸藻	0.03	0.002	0.000 06
总计	25.4		0.173 058

采样时间：__2015 年 6 月 7 日__

生物类别：__浮游植物__　记录人：_____　记录日期：_____

样点编号：____7____　样点位置：__长岛湾__　采样水深：__12 m__

藻类名称	密度/$10^4 \cdot L^{-1}$	湿重/（mg/万个）	生物量/mg·L^{-1}
腰带多甲藻	0.22	0.09	0.019 8
光甲藻	0.37	0.04	0.014 8
飞燕角甲藻	0.01	0.12	0.001 2
腰带光甲藻	0.19	0.09	0.017 1
念珠藻	0.01	0.000 2	0.000 002
橄榄肾形藻	0.01	0.007	0.000 07
四胞藻	0.04	0.000 75	0.000 03
小球藻	0.39	0.000 2	0.000 078
空球藻	0.08	0.02	0.001 6
美丽星杆藻	0.03	0.005	0.000 15
小环藻	7.14	0.003	0.021 42
舟形藻	0.05	0.015	0.000 75
直链藻	0.07	0.007	0.000 49
星形库氏小环藻	3.18	0.007	0.022 26
隐藻	1.93	0.01	0.019 3
黄群藻	0.02	0.12	0.002 4
锥囊藻	0.26	0.007	0.001 82
色球藻	0.37	0.002	0.000 74
微囊藻	0.19	0.003	0.000 57
密集肾胞藻	0.36	0.007	0.002 52
漂流藻	0.04	0.002	0.000 08
裸藻	0.16	0.002	0.000 32
总计	15.12		0.1275

采样时间：2015 年 6 月 7 日

生物类别：<u>浮游植物</u>　记录人：_____　记录日期：_____

样点编号：____8____　样点位置：____落凹____　采样水深：__0.5 m__

藻类名称	密度/$10^4 \cdot L^{-1}$	湿重/（mg/万个）	生物量/mg·L^{-1}
腰带多甲藻	0.28	0.09	0.025 2
光甲藻	0.21	0.04	0.008 4
飞燕角甲藻	0.02	0.12	0.002 4
腰带光甲藻	0.21	0.09	0.018 9
小球藻	1.49	0.000 2	0.000 298
美丽星杆藻	0.22	0.005	0.001 1
小环藻	4.73	0.003	0.014 19
针杆藻	0.07	0.005	0.000 35
舟形藻	0.06	0.015	0.000 9
星形库氏小环藻	1.11	0.007	0.007 77
隐藻	1.07	0.01	0.010 7
锥囊藻	0.29	0.007	0.002 03
密集肾胞藻	0.58	0.007	0.004 06
裸藻	0.03	0.002	0.000 06
合计	10.37		0.096 358

采样时间：<u>2015 年 6 月 7 日</u>

生物类别：<u>浮游植物</u>　记录人：_____　记录日期：_____

样点编号：____8____　样点位置：__落凹__　采样水深：__5 m__

藻类名称	密度/$10^4 \cdot L^{-1}$	湿重/（mg/万个）	生物量/mg · L^{-1}
腰带多甲藻	0.19	0.09	0.017 1
光甲藻	0.28	0.04	0.011 2
飞燕角甲藻	0.02	0.12	0.002 4
腰带光甲藻	0.13	0.09	0.011 7
鼓藻	0.02	0.000 5	0.000 01
小球藻	0.88	0.000 2	0.000 176
美丽星杆藻	0.2	0.005	0.001
小环藻	6.8	0.003	0.020 4
针杆藻	0.01	0.005	0.000 05
舟形藻	0.09	0.015	0.001 35
星形库氏小环藻	1.28	0.007	0.008 96
隐藻	6.06	0.01	0.060 6
黄群藻	0.02	0.12	0.002 4
锥囊藻	0.32	0.007	0.002 24
色球藻	0.12	0.002	0.000 24
密集肾胞藻	0.55	0.007	0.003 85
裸藻	0.22	0.002	0.000 44
合计	17.19		0.144 116

采样时间：<u>2015 年 6 月 7 日</u>

生物类别：<u>浮游植物</u>　记录人：_____　记录日期：_____

样点编号：___8___　样点位置：___落凹___　采样水深：___9 m___

藻类名称	密度/$10^4 \cdot L^{-1}$	湿重/（mg/万个）	生物量/mg·L^{-1}
腰带多甲藻	0.55	0.09	0.049 5
光甲藻	0.41	0.04	0.016 4
飞燕角甲藻	0.02	0.12	0.002 4
腰带光甲藻	0.2	0.09	0.018
念珠藻	1.09	0.000 2	0.000 218
小球藻	1.31	0.000 2	0.000 262
美丽星杆藻	0.24	0.005	0.001 2
小环藻	8.17	0.003	0.024 51
舟形藻	0.18	0.015	0.002 7
星形库氏小环藻	1.85	0.007	0.012 95
隐藻	3.29	0.01	0.032 9
锥囊藻	0.18	0.007	0.001 26
色球藻	0.16	0.002	0.000 32
四角藻	0.08	0.003	0.000 24
密集肾胞藻	0.51	0.007	0.003 57
裸藻	0.02	0.002	0.000 04
合计	18.26		0.166 47

采样时间：<u>2015 年 6 月 7 日</u>

生物类别：<u>浮游植物</u>　　记录人：<u>　　　　　</u>　　记录日期：<u>　　　</u>

样点编号：<u>　　8　　</u>　　样点位置：<u>　落凹　</u>　采样水深：<u>　12 m　</u>

藻类名称	密度/$10^4 \cdot L^{-1}$	湿重/（mg/万个）	生物量/mg·L^{-1}
腰带多甲藻	0.38	0.09	0.034 2
光甲藻	0.19	0.04	0.007 6
飞燕角甲藻	0.08	0.12	0.009 6
腰带光甲藻	0.09	0.09	0.008 1
小球藻	1.95	0.000 2	0.000 39
美丽星杆藻	0.2	0.005	0.001
小环藻	9.39	0.003	0.028 17
舟形藻	0.03	0.015	0.000 45
星形库氏小环藻	1.41	0.007	0.009 87
隐藻	0.85	0.01	0.008 5
锥囊藻	0.14	0.007	0.000 98
色球藻	0.12	0.002	0.000 24
密集肾胞藻	0.29	0.007	0.002 03
裸藻	0.03	0.002	0.000 06
合计	15.15		0.111 19

215

四川泸沽湖 生物多样性研究

采样时间：2015 年 6 月 7 日
生物类别：浮游植物　记录人：＿＿＿＿＿＿　记录日期：＿＿＿＿＿
样点编号：＿＿9＿＿　样点位置：王家营盘　采样水深：＿0.5 m

216

藻类名称	密度/$10^4 \cdot L^{-1}$	湿重/（mg/万个）	生物量/$mg \cdot L^{-1}$
腰带多甲藻	0.22	0.09	0.019 8
光甲藻	0.22	0.04	0.008 8
飞燕角甲藻	0.02	0.12	0.002 4
腰带光甲藻	0.21	0.09	0.018 9
小球藻	1.78	0.000 2	0.000 356
美丽星杆藻	0.22	0.005	0.001 1
小环藻	5.37	0.003	0.016 11
针杆藻	0.03	0.005	0.000 15
舟形藻	0.06	0.015	0.000 9
星形库氏小环藻	0.95	0.007	0.006 65
隐藻	1.64	0.01	0.016 4
锥囊藻	0.29	0.007	0.002 03
密集肾胞藻	0.5	0.007	0.003 5
裸藻	0.01	0.002	0.000 02
总计	11.52		0.097 116

采样时间：<u>2015 年 6 月 7 日</u>

生物类别：<u>浮游植物</u>　记录人：_____　记录日期：_____

样点编号：____<u>9</u>____　样点位置：<u>王家营盘</u>　采样水深：____<u>5 m</u>

藻类名称	密度/$10^4 \cdot L^{-1}$	湿重/（mg/万个）	生物量/mg·L^{-1}
腰带多甲藻	0.19	0.09	0.017 1
光甲藻	0.27	0.04	0.010 8
飞燕角甲藻	0.01	0.12	0.001 2
腰带光甲藻	0.16	0.09	0.014 4
念珠藻	0.37	0.000 2	0.000 074
鼓藻	0.02	0.000 5	0.000 01
小球藻	1.33	0.000 2	0.000 266
刚毛藻	0.01	0.02	0.000 2
美丽星杆藻	0.15	0.005	0.000 75
小环藻	8.29	0.003	0.024 87
针杆藻	0.01	0.005	0.000 05
舟形藻	0.1	0.015	0.001 5
星形库氏小环藻	1.26	0.007	0.008 82
隐藻	6.06	0.01	0.060 6
黄群藻	0.02	0.12	0.002 4
锥囊藻	0.32	0.007	0.002 24
色球藻	0.12	0.002	0.000 24
螺旋藻	0.01	0.007 7	0.000 077
微囊藻	0.03	0.003	0.000 09
密集肾胞藻	0.55	0.007	0.003 85
裸藻	0.54	0.002	0.001 08
总计	19.82		0.150 617

采样时间：2015 年 6 月 7 日
生物类别：<u>浮游植物</u>　记录人：_____　记录日期：_____
样点编号：____9____　样点位置：<u>王家营盘</u>　采样水深：____9 m____

藻类名称	密度/$10^4 \cdot L^{-1}$	湿重/（mg/万个）	生物量/mg · L^{-1}
腰带多甲藻	0.55	0.09	0.049 5
光甲藻	0.41	0.04	0.016 4
飞燕角甲藻	0.02	0.12	0.002 4
腰带光甲藻	0.2	0.09	0.018
念珠藻	1.09	0.000 2	0.000 218
小球藻	1.31	0.000 2	0.000 262
美丽星杆藻	0.15	0.005	0.000 75
小环藻	8.17	0.003	0.024 51
舟形藻	0.18	0.015	0.002 7
星形库氏小环藻	1.85	0.007	0.012 95
隐藻	3.29	0.01	0.032 9
锥囊藻	0.18	0.007	0.001 26
色球藻	0.16	0.002	0.000 32
密集肾胞藻	0.51	0.007	0.003 57
裸藻	0.02	0.002	0.000 04
总计	18.09		0.165 78

采样时间：<u>2015 年 6 月 7 日</u>
生物类别：<u>浮游植物</u>　记录人：_____　记录日期：_____
样点编号：____<u>9</u>____　样点位置：<u>王家营盘</u>　采样水深：__<u>12 m</u>__

藻类名称	密度/$10^4 \cdot L^{-1}$	湿重/（mg/万个）	生物量/mg·L^{-1}
腰带多甲藻	0.27	0.09	0.024 3
光甲藻	0.67	0.04	0.026 8
飞燕角甲藻	0.02	0.12	0.002 4
腰带光甲藻	0.31	0.09	0.027 9
念珠藻	0.6	0.000 2	0.000 12
实球藻	0.07	0.04	0.002 8
小球藻	0.45	0.000 2	0.000 09
刚毛藻	0.04	0.02	0.000 8
美丽星杆藻	0.09	0.005	0.000 45
小环藻	7.31	0.003	0.021 93
舟形藻	0.09	0.015	0.001 35
星形库氏小环藻	2.05	0.007	0.014 35
盘筛藻	0.01	0.002	0.000 02
隐藻	4.42	0.01	0.044 2
黄群藻	0.03	0.12	0.003 6
锥囊藻	0.23	0.007	0.001 61
色球藻	0.12	0.002	0.000 24
颤藻	0.04	0.01	0.000 4
微囊藻	0.5	0.003	0.001 5
密集肾胞藻	0.91	0.007	0.006 37
漂流藻	0.06	0.002	0.000 12
裸藻	0.03	0.002	0.000 06
总计	18.32		0.181 41

采样时间：2015 年 6 月 7 日
生物类别：__浮游植物__　记录人：_____　记录日期：_____
样点编号：____10____　样点位置：__草海长桥__　采样水深：__0.5 m__

藻类名称	密度/$10^4 \cdot L^{-1}$	湿重/（mg/万个）	生物量/mg·L^{-1}
腰带多甲藻	0.09	0.09	0.008 1
光甲藻	0.585	0.04	0.023 4
飞燕角甲藻	0.015	0.12	0.0018
鼓藻	0.165	0.000 5	0.000 082 5
小球藻	0.015	0.000 2	0.000 003
栅藻	0.015	0.002	0.000 03
美丽星杆藻	0.015	0.005	0.000 075
小环藻	0.195	0.003	0.000 585
针杆藻	0.645	0.005	0.003 225
舟形藻	0.15	0.015	0.002 25
隐藻	1.035	0.01	0.010 35
锥囊藻	0.015	0.007	0.000 105
颤藻	0.15	0.01	0.001 5
鱼腥藻	0.225	0.000 5	0.000 112 5
裸藻	1.485	0.002	0.002 97
总计	4.8		0.054 588

采样时间：<u>2015 年 6 月 7 日</u>
生物类别：<u>浮游植物</u>　记录人：_____　记录日期：_____
样点编号：____<u>11</u>____　样点位置：<u>草海出口</u>　采样水深：__<u>0.5 m</u>__

藻类名称	密度/$10^4 \cdot L^{-1}$	湿重/（mg/万个）	生物量/mg·L^{-1}
腰带多甲藻	0.645	0.09	0.058 05
光甲藻	0.435	0.04	0.017 4
飞燕角甲藻	0.495	0.12	0.059 4
腰带光甲藻	0.015	0.09	0.001 35
鼓藻	0.165	0.000 5	0.000 082 5
小球藻	0.015	0.000 2	0.000 003
小环藻	0.51	0.003	0.001 53
针杆藻	0.45	0.005	0.002 25
舟形藻	0.255	0.015	0.003 825
星形库氏小环藻	0.12	0.007	0.000 84
隐藻	1.38	0.01	0.013 8
颤藻	0.255	0.01	0.002 55
裸藻	0.27	0.002	0.000 54
总计	5.01		0.161 620 5

采样时间：2015 年 6 月 7 日

生物类别：__浮游植物__　记录人：_____　记录日期：_____

样点编号：____9____　样点位置：__王家营盘__　采样水深：__12 m__

藻类名称	密度/$10^4 \cdot L^{-1}$	湿重/（mg/万个）	生物量/mg·L^{-1}
腰带多甲藻	0.06	0.09	0.005 4
光甲藻	0.135	0.04	0.005 4
腰带光甲藻	0.03	0.09	0.002 7
鼓藻	0.195	0.000 5	0.000 097 5
小球藻	1.14	0.000 2	0.000 228
美丽星杆藻	0.015	0.005	0.000 075
小环藻	2.16	0.003	0.006 48
针杆藻	0.99	0.005	0.004 95
舟形藻	0.18	0.015	0.002 7
星形库氏小环藻	0.225	0.007	0.001 575
隐藻	1.5	0.01	0.015
锥囊藻	1.545	0.007	0.010 815
色球藻	0.015	0.002	0.000 03
颤藻	0.21	0.01	0.002 1
鱼腥藻	0.03	0.000 5	0.000 015
密集肾胞藻	0.075	0.007	0.000 525
裸藻	0.045	0.002	0.000 09
总计	8.55		0.058 180 5

采样时间：2015 年 6 月 7 日
生物类别：　浮游动物　 记录人：＿＿＿＿＿ 记录日期：＿＿＿＿
样点编号：　　1　　 样点位置：　达组　 采样水深：　0.5 m

浮游动物名称	密度/个·L^{-1}	湿重/（mg/个）	生物量/mg·L^{-1}
弹跳虫	0.6	0.000 003	0.000 001 8
总计	0.6		0.000 001 8

采样时间：2015 年 6 月 7 日
生物类别：　浮游动物　 记录人：＿＿＿＿＿ 记录日期：＿＿＿＿
样点编号：　　1　　 样点位置：　达组　 采样水深：　5 m

浮游动物名称	密度/个·L^{-1}	湿重/（mg/个）	生物量/mg·L^{-1}
颈沟基合溞	1.2	0.022	0.026 4
棘体网纹溞	1.2	0.026	0.031 2
角突网纹溞	0.6	0.02	0.012
总计	3		0.069 6

采样时间：2015 年 6 月 7 日
生物类别：　浮游动物　 记录人：＿＿＿＿＿ 记录日期：＿＿＿＿
样点编号：　　1　　 样点位置：　达组　 采样水深：　9 m

浮游动物名称	密度/个·L^{-1}	湿重/（mg/个）	生物量/mg·L^{-1}
隆线溞	0.6	0.2	0.12
僧帽溞	1.2	0.014	0.016 8
大型溞	0.6	0.9	0.54
老年低额溞	1.2	0.14	0.168
月形腔轮虫	1.2	0.000 17	0.000 204
总计	4.8		0.845 004

223

采样时间：<u>2015 年 6 月 7 日</u>

生物类别：<u>浮游动物</u>　　记录人：_____　记录日期：_____

样点编号：___<u>1</u>___　　样点位置：___<u>达组</u>___　采样水深：__<u>12 m</u>__

浮游动物名称	密度/个·L⁻¹	湿重/（mg/个）	生物量/mg·L⁻¹
棘体网纹溞	210	0.026	5.46
柯式象鼻溞	120	0.03	3.6
颈沟基合溞	60	0.022	1.32
角突网纹溞	15	0.02	0.3
晶囊轮虫	60	0.026	1.56
总计	465		12.24

采样时间：<u>2015 年 6 月 7 日</u>

生物类别：<u>浮游动物</u>　　记录人：_____　记录日期：_____

样点编号：___<u>2</u>___　　样点位置：__<u>安娜蛾岛</u>__　采样水深：__<u>0.5 m</u>__

浮游动物名称	密度/个·L⁻¹	湿重/（mg/个）	生物量/mg·L⁻¹
	0	0	0
总计	0	0	0

采样时间：<u>2015 年 6 月 7 日</u>

生物类别：<u>浮游动物</u>　　记录人：_____　记录日期：_____

样点编号：___<u>2</u>___　　样点位置：__<u>安娜蛾岛</u>__　采样水深：__<u>5 m</u>__

浮游动物名称	密度/个·L⁻¹	湿重/（mg/个）	生物量/mg·L⁻¹
颈沟基合溞	3.6	0.022	0.079 2
晶囊轮虫	1.8	0.026	0.046 8
棘体网纹溞	0.6	0.026	0.015 6
角突网纹溞	0.6	0.02	0.012
总计	6.6		0.153 6

采样时间：<u>2015 年 6 月 7 日</u>
生物类别：<u>浮游动物</u>　记录人：<u>　　　　　</u>　　记录日期：<u>　　　　</u>
样点编号：<u>　2　</u>　　样点位置：<u>安娜蛾岛</u>　采样水深：<u>　9 m　</u>

浮游动物名称	密度/个·L^{-1}	湿重/（mg/个）	生物量/mg·L^{-1}
棘体网纹溞	3.6	0.026	0.093 6
颈沟基合溞	4.8	0.022	0.105 6
角突网纹溞	4.8	0.02	0.096
模糊裸腹溞	1.2	0.1	0.12
晶囊轮虫	1.8	0.026	0.046 8
柯式象鼻溞	1.2	0.03	0.036
双刺伪仙达溞	2.4	0.015	0.036
总计	19.8		0.534

采样时间：<u>2015 年 6 月 7 日</u>
生物类别：<u>浮游动物</u>　记录人：<u>　　　　　</u>　　记录日期：<u>　　　　</u>
样点编号：<u>　2　</u>　　样点位置：<u>安娜蛾岛</u>　采样水深：<u>　12 m　</u>

浮游动物名称	密度/个·L^{-1}	湿重/（mg/个）	生物量/mg·L^{-1}
棘体网纹溞	6	0.026	0.156
晶囊轮虫	1.8	0.026	0.046 8
柯式象鼻溞	0.6	0.03	0.018
颈沟基合溞	3	0.022	0.066
脆弱象鼻溞	1.8	0.03	0.054
总计	13.2		0.340 8

采样时间：<u>2015 年 6 月 7 日</u>
生物类别：<u>浮游动物</u>　记录人：<u>　　　　　</u>　　记录日期：<u>　　　　</u>
样点编号：<u>　3　</u>　　样点位置：<u>　格撒　</u>　采样水深：<u>　0.5 m　</u>

浮游动物名称	密度/个·L^{-1}	湿重/（mg/个）	生物量/mg·L^{-1}
盘形表壳虫	1.2	0.000 02	0.000 024
总计	1.2		0.000 024

采样时间：2015 年 6 月 7 日

生物类别：__浮游动物__　记录人：_____　记录日期：_____

样点编号：____3____　样点位置：__格撒__　采样水深：__5 m__

浮游动物名称	密度/个·L⁻¹	湿重/（mg/个）	生物量/mg·L⁻¹
	0	0	0
总计	0		0

采样时间：2015 年 6 月 7 日

生物类别：__浮游动物__　记录人：_____　记录日期：_____

样点编号：____3____　样点位置：__格撒__　采样水深：__9 m__

浮游动物名称	密度/个·L⁻¹	湿重/（mg/个）	生物量/mg·L⁻¹
透明溞	2.4	0.05	0.12
脆弱象鼻溞	0.6	0.03	0.018
柯式象鼻溞	1.8	0.03	0.054
普通表壳虫	0.6	0.000 03	0.000 018
近亲尖额溞	0.6	0.07	0.042
总计	6		0.234 018

采样时间：2015 年 6 月 7 日

生物类别：__浮游动物__　记录人：_____　记录日期：_____

样点编号：____3____　样点位置：__格撒__　采样水深：__12 m__

浮游动物名称	密度/个·L⁻¹	湿重/（mg/个）	生物量/mg·L⁻¹
小栉溞	5.4	0.2	1.08
脆弱象鼻溞	4.8	0.03	0.144
锯唇盘肠溞	6	0.01	0.06
晶囊轮虫	1.8	0.026	0.046 8
棘体网纹溞	3.6	0.02	0.072
颈沟基合溞	2.4	0.022	0.052 8
锯底低额溞	0.6	0.015	0.009
总计	24.6		1.464 6

226

采样时间：<u>2015 年 6 月 7 日</u>
生物类别：<u>浮游动物</u>　记录人：_____　记录日期：_____
样点编号：____<u>4</u>____　样点位置：<u>近岸深水点</u>　采样水深：__<u>0.5 m</u>__

浮游动物名称	密度/个·L^{-1}	湿重/（mg/个）	生物量/mg·L^{-1}
长额象鼻溞	1.8	0.03	0.054
柯式象鼻溞	2.4	0.03	0.072
透明溞	1.8	0.05	0.09
小栉溞	1.2	0.2	0.24
脆弱象鼻溞	2.4	0.03	0.072
总计	9.6		0.528

采样时间：<u>2015 年 6 月 7 日</u>
生物类别：<u>浮游动物</u>　记录人：_____　记录日期：_____
样点编号：____<u>4</u>____　样点位置：<u>近岸深水点</u>　采样水深：__<u>5 m</u>__

浮游动物名称	密度/个·L^{-1}	湿重/（mg/个）	生物量/mg·L^{-1}
僧帽溞	1.2	0.014	0.016 8
晶囊轮虫	1.2	0.026	0.031 2
棘体网纹溞	1.2	0.026	0.031 2
小栉溞	0.6	0.2	0.12
总计	4.2		0.199 2

采样时间：2015 年 6 月 7 日

生物类别：__浮游动物__　记录人：_____　记录日期：_____

样点编号：____4____　样点位置：近岸深水点　采样水深：__9 m__

浮游动物名称	密度/个·L^{-1}	湿重/（mg/个）	生物量/mg·L^{-1}
柯式象鼻溞	4.8	0.03	0.144
棘体网纹溞	3.6	0.026	0.093 6
模糊裸腹溞	0.6	0.1	0.06
小栉溞	4.2	0.2	0.84
颈沟基合溞	6.6	0.022	0.145 2
角突网纹溞	3	0.02	0.06
双刺伪仙达溞	1.8	0.015	0.027
晶囊轮虫	3	0.026	0.078
锯底低额溞	2.4	0.015	0.036
总计	30		1.483 8

采样时间：2015 年 6 月 7 日

生物类别：__浮游动物__　记录人：_____　记录日期：_____

样点编号：____4____　样点位置：近岸深水点　采样水深：__12 m__

浮游动物名称	密度/个·L^{-1}	湿重/（mg/个）	生物量/mg·L^{-1}
沼囊变形虫	1.2	0.000 015	0.000 018
明亮囊变形虫	1.2	0.000 036	0.000 043 2
双核变形虫	1.2	0.000 02	0.000 024
总计	3.6		0.000 085 2

采样时间：2015 年 6 月 7 日

生物类别：　浮游动物　　记录人：＿＿＿＿＿　　记录日期：＿＿＿＿

样点编号：　　5　　　样点位置：　湖心点　　采样水深：　0.5 m

浮游动物名称	密度/个·L^{-1}	湿重/（mg/个）	生物量/mg·L^{-1}
透明溞	1.8	0.05	0.09
点滴尖额溞	1.2	0.005	0.006
矩形尖额溞	0.6	0.005	0.003
总计	3.6		0.099

采样时间：2015 年 6 月 7 日

生物类别：　浮游动物　　记录人：＿＿＿＿＿　　记录日期：＿＿＿＿

样点编号：　　5　　　样点位置：　湖心点　　采样水深：　　5 m

浮游动物名称	密度/个·L^{-1}	湿重/（mg/个）	生物量/mg·L^{-1}
晶囊轮虫	1.2	0.026	0.031 2
棘体网纹溞	4.2	0.026	0.109 2
脆弱象鼻溞	2.4	0.03	0.072
小栉溞	0.6	0.2	0.12
僧帽溞	0.6	0.014	0.008 4
总计	9		0.340 8

采样时间：2015 年 6 月 7 日

生物类别：　浮游动物　　记录人：＿＿＿＿＿　　记录日期：＿＿＿＿

样点编号：　　5　　　样点位置：　湖心点　　采样水深：　　9 m

浮游动物名称	密度/个·L^{-1}	湿重/（mg/个）	生物量/mg·L^{-1}
棘体网纹溞	7.2	0.026	0.187 2
脆弱象鼻溞	3.6	0.03	0.108
僧帽溞	1.2	0.014	0.016 8
柯式象鼻溞	1.8	0.03	0.054
晶囊轮虫	1.2	0.026	0.031 2
总计	15		0.397 2

采样时间：2015 年 6 月 7 日

生物类别：_浮游动物_　记录人：＿＿＿＿＿　记录日期：＿＿＿

样点编号：＿＿5＿＿　样点位置：_湖心点_　采样水深：_12 m_

浮游动物名称	密度/个·L^{-1}	湿重/（mg/个）	生物量/mg·L^{-1}
脆弱象鼻溞	1.2	0.03	0.036
圆形盘肠溞	0.6	0.07	0.042
大眼独特溞	1.2	0.015	0.018
透明溞	0.6	0.05	0.03
柯式象鼻溞	0.6	0.03	0.018
长肢透体溞	0.6	0.022	0.013 2
老年低额溞	3	0.14	0.42
溞状溞	0.6	0.2	0.12
总计	8.4		0.697 2

采样时间：2015 年 6 月 7 日

生物类别：_浮游动物_　记录人：＿＿＿＿＿　记录日期：＿＿＿

样点编号：＿＿6＿＿　样点位置：_赵家湾_　采样水深：_0.5 m_

浮游动物名称	密度/个·L^{-1}	湿重/（mg/个）	生物量/mg·L^{-1}
小栉溞	0.6	0.2	0.12
总计	0.6		3

采样时间：2015 年 6 月 7 日

生物类别：_浮游动物_　记录人：＿＿＿＿＿　记录日期：＿＿＿

样点编号：＿＿6＿＿　样点位置：_赵家湾_　采样水深：_5 m_

浮游动物名称	密度/个·L^{-1}	湿重/（mg/个）	生物量/mg·L^{-1}
脆弱象鼻溞	2.4	0.03	0.072
颈沟基合溞	0.6	0.022	0.013 2
小栉溞	0.6	0.2	0.12
总计	3.6		0.205 2

采样时间：2015 年 6 月 7 日
生物类别：　浮游动物　　记录人：＿＿＿＿＿＿　　记录日期：＿＿＿＿＿
样点编号：　　6　　　样点位置：　赵家湾　　采样水深：　　9 m　

浮游动物名称	密度/个·L^{-1}	湿重/（mg/个）	生物量/mg·L^{-1}
晶囊轮虫	0.6	0.026	0.015 6
棘体网纹溞	1.2	0.026	0.031 2
长刺溞	1.8	0.07	0.126
澳洲壳腺溞	0.6	0.003	0.001 8
颈沟基合溞	2.4	0.022	0.052 8
角突网纹溞	1.8	0.02	0.036
柯式象鼻溞	1.2	0.03	0.036
总计	9.6		0.299 4

采样时间：2015 年 6 月 7 日
生物类别：　浮游动物　　记录人：＿＿＿＿＿＿　　记录日期：＿＿＿＿＿
样点编号：　　6　　　样点位置：　赵家湾　　采样水深：　　12 m　

浮游动物名称	密度/个·L^{-1}	湿重/（mg/个）	生物量/mg·L^{-1}
棘体网纹溞	10.8	0.026	0.280 8
颈沟基合溞	3	0.022	0.066
柯式象鼻溞	2.4	0.03	0.072
晶囊轮虫	1.8	0.026	0.046 8
小栉溞	0.6	0.2	0.12
总计	18.6		0.585 6

采样时间：<u>2015 年 6 月 7 日</u>

生物类别：<u>浮游动物</u>　记录人：<u>　　　　　　</u>　记录日期：<u>　　　　</u>

样点编号：<u>　7　</u>　样点位置：<u>长岛湾</u>　采样水深：<u>0.5 m</u>

浮游动物名称	密度/个·L^{-1}	湿重/（mg/个）	生物量/mg·L^{-1}
	0	0	0
总计	0		0

采样时间：<u>2015 年 6 月 7 日</u>

生物类别：<u>浮游动物</u>　记录人：<u>　　　　　　</u>　记录日期：<u>　　　　</u>

样点编号：<u>　7　</u>　样点位置：<u>长岛湾</u>　采样水深：<u>5 m</u>

浮游动物名称	密度/个·L^{-1}	湿重/（mg/个）	生物量/mg·L^{-1}
晶囊轮虫	0.6	0.026	0.015 6
颈沟基合溞	1.2	0.022	0.026 4
僧帽溞	1.2	0.014	0.016 8
总计	3		0.058 8

采样时间：<u>2015 年 6 月 7 日</u>

生物类别：<u>浮游动物</u>　记录人：<u>　　　　　　</u>　记录日期：<u>　　　　</u>

样点编号：<u>　7　</u>　样点位置：<u>长岛湾</u>　采样水深：<u>9 m</u>

浮游动物名称	密度/个·L^{-1}	湿重/（mg/个）	生物量/mg·L^{-1}
小栉溞	1.8	0.2	0.36
晶囊轮虫	0.6	0.026	0.015 6
僧帽溞	2.4	0.014	0.033 6
颈沟基合溞	1.2	0.022	0.026 4
总计	6		0.435 6

采样时间：<u>2015 年 6 月 7 日</u>
生物类别：<u>浮游动物</u>　记录人：<u>　　　　　　　</u>　记录日期：<u>　　　　</u>
样点编号：<u>　　7　　</u>　样点位置：<u>长岛湾</u>　采样水深：<u>12 m</u>

浮游动物名称	密度/个·L^{-1}	湿重/（mg/个）	生物量/mg·L^{-1}
僧帽溞	1.8	0.014	0.025 2
棘体网纹溞	0.6	0.026	0.015 6
小栉溞	1.8	0.2	0.36
颈沟基合溞	2.4	0.022	0.052 8
晶囊轮虫	0.6	0.026	0.015 6
总计	7.2		0.469 2

采样时间：<u>2015 年 6 月 7 日</u>
生物类别：<u>浮游动物</u>　记录人：<u>　　　　　　　</u>　记录日期：<u>　　　　</u>
样点编号：<u>　　8　　</u>　样点位置：<u>落凹</u>　采样水深：<u>0.5 m</u>

浮游动物名称	密度/个·L^{-1}	湿重/（mg/个）	生物量/mg·L^{-1}
点滴尖额溞	1.2	0.005	0.006
透明溞	1.8	0.05	0.09
小栉溞	1.2	0.2	0.24
合计	4.2		0.336

采样时间：<u>2015 年 6 月 7 日</u>
生物类别：<u>浮游动物</u>　记录人：<u>　　　　　　　</u>　记录日期：<u>　　　　</u>
样点编号：<u>　　8　　</u>　样点位置：<u>落凹</u>　采样水深：<u>5 m</u>

浮游动物名称	密度/个·L^{-1}	湿重/（mg/个）	生物量/mg·L^{-1}
异形单眼溞	1.8	0.01	0.018
透明溞	1.2	0.05	0.06
连锁柔轮虫	0.6	0.000 6	0.000 36
老年低额溞	1.2	0.14	0.168
小栉溞	0.6	0.2	0.12
合计	5.4		0.366 36

采样时间：<u>2015 年 6 月 7 日</u>
生物类别：<u>浮游动物</u>　记录人：_____　记录日期：_____
样点编号：___8___　样点位置：___落凹___　采样水深：___9 m___

浮游动物名称	密度/个·L^{-1}	湿重/（mg/个）	生物量/mg·L^{-1}
小栉溞	1.8	1.8	0.36
晶囊轮虫	0.6	0.6	0.015 6
脆弱象鼻溞	0.6	0.6	0.018
柯式象鼻溞	0.6	0.6	0.018
僧帽溞	2.4	2.4	0.033 6
颈沟基合溞	1.2	1.2	0.026 4
合计	7.2		0.471 6

采样时间：<u>2015 年 6 月 7 日</u>
生物类别：<u>浮游动物</u>　记录人：_____　记录日期：_____
样点编号：___8___　样点位置：___落凹___　采样水深：___12 m___

浮游动物名称	密度/个·L^{-1}	湿重/（mg/个）	生物量/mg·L^{-1}
双刺伪仙达溞	1.8	0.015	0.027
脆弱象鼻溞	1.8	0.03	0.054
长刺溞	2.4	0.07	0.168
小栉溞	1.2	0.2	0.24
柯式象鼻溞	1.2	0.03	0.036
僧帽溞	1.2	0.014	0.016 8
合计	9.6		0.541 8

采样时间：<u>2015 年 6 月 7 日</u>
生物类别：<u>浮游动物</u>　记录人：_____　记录日期：_____
样点编号：___9___　样点位置：___王家营盘___　采样水深：___0.5 m___

浮游动物名称	密度/个·L^{-1}	湿重/（mg/个）	生物量/mg·L^{-1}
透明溞	1.8	0.05	0.09
角突网纹溞	0.6	0.02	0.012
总计	2.4		0.102

采样时间：2015 年 6 月 7 日
生物类别：　浮游动物　　记录人：＿＿＿＿＿＿＿　记录日期：＿＿＿＿＿＿
样点编号：＿＿9＿＿　样点位置：　王家营盘　采样水深：＿5 m＿

浮游动物名称	密度/个·L^{-1}	湿重/（mg/个）	生物量/mg·L^{-1}
异形单眼溞	1.8	0.01	0.018
透明溞	1.2	0.05	0.06
连锁柔轮虫	0.6	0.000 6	0.000 36
老年低额溞	1.2	0.14	0.168
小栉溞	0.6	0.2	0.12
总计	5.4		0.366 36

采样时间：2015 年 6 月 7 日
生物类别：　浮游动物　　记录人：＿＿＿＿＿＿＿　记录日期：＿＿＿＿＿＿
样点编号：＿＿9＿＿　样点位置：　王家营盘　采样水深：＿9 m＿

浮游动物名称	密度/个·L^{-1}	湿重/（mg/个）	生物量/mg·L^{-1}
双刺伪仙达溞	0.6	0.015	0.009
晶囊轮虫	1.8	0.026	0.046 8
长刺溞	0.6	0.07	0.042
小栉溞	0.6	0.2	0.12
柯式象鼻溞	0.6	0.03	0.018
澳洲壳腺溞	0.6	0.003	0.001 8
总计	4.8		0.237 6

采样时间：2015 年 6 月 7 日
生物类别：　浮游动物　　记录人：＿＿＿＿＿＿＿　记录日期：＿＿＿＿＿＿
样点编号：＿＿9＿＿　样点位置：　王家营盘　采样水深：＿12 m＿

浮游动物名称	密度/个·L^{-1}	湿重/（mg/个）	生物量/mg·L^{-1}
角突网纹溞	1.2	0.02	0.024
双刺伪仙达溞	1.8	0.015	0.027
颈沟基合溞	0.6	0.022	0.013 2
晶囊轮虫	0.6	0.026	0.015 6
总计	4.2		0.079 8

附录 B　泸沽湖亮海浮游植物名录

门	属	种
蓝藻门（8属）11种	微囊藻属 Microcystis	粉末微囊藻
	颤藻属 Oscillatoria	颤藻 Oscillatoria
		近旋颤藻
		绿色颤藻
	平裂藻属 Merismopediasp	华美平裂藻
		平裂藻 Merismopediasp
	胶鞘藻属 Phormidiumtenue	胶鞘藻 Phormidiumtenue
	螺旋属 Spirulina	螺旋藻 Spirulina
	肾胞藻属 Nephrococcus	密集肾胞藻
	拟鱼腥藻属 Anabaenopsis	拟鱼腥藻 Anabaenopsis
	鱼腥藻属 Anabaena	螺旋鱼腥藻
甲藻门（4属）15种	多甲藻属 Peridinium	表示双足多甲藻
		盾形多甲藻
		多甲藻 Peridinium
		极小多甲藻
		双足多甲藻
		微小多甲藻
		韦氏多甲藻
		腰带多甲藻 Peridininium.
	薄甲藻属 Glenodinium	薄甲藻
	角甲藻属 Ceratiaceae	飞燕角甲藻 Ceratium. hirundinella
	光甲藻属	光甲藻
		四齿光甲藻
		腰带光甲藻
	裸甲藻属	裸甲藻
		棕色裸甲藻

续表

门	属	种
隐藻门（2属8种）	隐藻属 *Cryptomonas*	啮蚀隐藻 *Cryptomonas.erosa*
		隐藻 *Cryptomonas. sp*
		马氏隐藻
		倒卵形隐藻
		卵形隐藻
		马氏隐藻
		虫蚀隐藻
	蓝隐藻属 *Chroomonas*	蓝隐藻 *Chroomonas*
硅藻门（24属61种）	桥弯藻属 *Cymbella*	艾氏桥弯藻
		纤细桥弯藻
		近缘桥弯藻 *Cymbella affinis*
		膨胀桥弯藻 *Cymbella tumida*
		披针形桥弯藻
		偏肿桥弯藻
		小箱桥弯藻
		埃轮桥弯藻
		箱形桥弯藻
		肿胀桥弯藻
	羽纹藻属 *Pinnularia*	薄羽纹藻
		羽纹藻
		小辐节羽纹藻
	布纹藻属 *Gyrosigma*	尖布纹藻 *Gyrosigma acuminatum*
	小环藻属 *Cyclotella*	具盖小环藻
		星形库氏小环藻
		小环藻
		同心扭曲小环藻

门	属	种
硅藻门（24属61种）	直链藻属 Melosira	颗粒直链藻 Aulacoseira granulata
		直链藻 Melosira
		远距直链藻
	舟形藻属 Navicula	宽形圆环舟形藻
		披针型圆环舟形藻
		微绿舟形藻
		隐头舟形藻
		圆环舟形藻
		简单舟形藻 N. simplex Krassk
	双菱藻属 Surirella	华美双菱藻
	盘筛藻属	盘筛藻
	漂流藻属 Planktoniella Schutt	漂流藻 Planktoniella Schutt
	窗纹藻属 Epithemia	鼠形窗纹藻
		光亮窗纹藻
	双缝藻属	狭双缝藻
	棒腹藻属	线性棒腹藻
	双菱藻属 Surirella	华美双菱藻
	辐节藻属 Stauroneis	双头辐节藻
		尖辐节藻
	楔形藻属	楔形藻
	菱形藻属 Nitzschia	新月菱形藻
		牙状菱形藻
		针状菱形藻
	海线藻属 Thalassionema	海线藻
	异端藻属 Gomphonema	异端藻

238

续表

门	属	种
硅藻门（24 属 61 种）	冠盘藻属 Stephanodiscus	星冠盘藻 Stephanodiscus asteaea
		韩氏冠盘藻
	圆筛藻属 Coscinodiscus	圆筛藻 Coscinodiscus
	伏氏藻属	朱氏伏氏藻
		结核伏氏藻
	脆杆藻属 Fragilaria	短线脆杆藻 Fragilaria brevistriata
		钝脆杆藻 Fragilaria capucina
		巴豆叶脆杆藻
		缢缩脆杆藻
	针杆藻属 Synedra	剑水蚤针杆藻
		近缘针杆藻
		美丽针杆藻 Synedra pulcherrima Hantzsch ex Rabenhorst
		尺骨针杆藻
		肘状针杆藻
	双缝藻属	狭双缝藻
绿藻门（37 属 60 种）	衣藻属 Chlamydomonas	艾氏衣藻
		卵形衣藻 Chamydomonas ovalis
	卵囊藻属 Oocystis	包氏卵囊藻
		波吉卵囊藻 Oocystis borgei
		湖生卵囊藻 Oocystis lacustris
		椭圆卵囊藻
	十字藻属 Crucigenia	华美十字藻
		窗形十字藻
		直角十字藻
		四足十字藻 Crucigenia tetrapedia

239

门	属	种
绿藻门（37属60种）	空球藻属 Eudorina	华丽空球藻
	新月属	细新月鼓藻 C.macilentum
		库氏新月鼓藻 C. Kuetzingii
		四角新月鼓藻
		小新月鼓藻
	角星鼓藻属 Strurastrum	尖刺角星鼓藻
	微芒藻属 Micractinium	极小微芒藻
	纤维藻属 Ankistrodesmus	针形纤维藻
		尖镰形纤维藻
	空球藻属 Eudorina	空球藻 Eudorina
	实球藻属 Pandorina	实球藻 Pandorina
	绿球藻属 Chlorococcum	绿球藻 Chlorococcum
		水溪绿球藻
	螺带鼓藻属 Spirotaenia cardensata	螺带鼓藻 Spirotaenia cardensata
	芒球藻属	芒球藻
	盘星藻属 PediastrumMey	盘星藻 PediastrumMey
	盘藻属 Gonium	盘藻 Gonium
	胶囊藻属	泡状胶囊藻
	胶球藻属 Coccomyxa	膨胀胶球藻
	四角藻属 Tetraedron	膨胀四角藻
		四足四角藻
		微小四角藻
	四棘藻属 Attheya	三刺四棘藻
	石球藻属	桑椹石球藻
	多芒藻属 Golenkinia	少刺多芒藻
	小球藻属 Chlorella	椭圆小球藻
		普通小球藻 Chlorella vulgaris

240

续表

门	属	种
绿藻门（37属60种）	转板藻属 *Mougeotia*	细微转板藻
		梯接转板藻
	空星藻属 *Coelastrum*	球状空星藻
	栅藻属 *Scenedesmus*	双形栅列藻
		弯曲栅列藻
		四尾栅藻
		柱状栅列藻
		斜列栅藻 *Scenedsmus obliquus*
	网球藻属 *Dictyosphaeria*	网球藻 *Dictyosphaeria*
	网眼藻属	网眼藻
	卵形藻属 *Cocconeis*	扁圆卵形藻
	绿梭藻属	长绿梭藻
	浮球藻属 *planktosphaeria*	浮球藻 *planktosphaeria*
	针丝藻属 *Raphidonema*	长毛针丝藻
	月形藻属	月形藻
	蹄形藻属 *Kirchneriella*	月牙蹄形藻
	杂球藻属 *Pleodorina*	杂球藻 *Pleodorina*
	鼓藻属 *Cosmarium*	梭形鼓藻
		棘接鼓藻
		颗粒鼓藻
		棒形鼓藻
	四胞藻属 *Tetraspora Link*	四胞藻 *Tetraspora Link*
	四集藻属	四集藻
金藻门（3属5种）	鱼鳞藻属 *Mallomonas*	长鱼鳞藻
		鱼鳞藻 *Mallomonas*
	锥囊藻属 *Dinobryon*	花环锥囊藻
		密集锥囊藻
	合尾藻属 *Synura*	黄葡萄合尾藻

门	属	种
裸藻门（4属18种）	扁裸藻属 Phacus	扁裸藻
		侧游扁裸藻
		长尾扁裸藻
		多荞扁裸藻
	裸藻属 Euglena	变形裸藻
		尖尾裸藻
		具尾裸藻
		绿裸藻
		三星裸藻
		斯氏定型裸藻
		王氏裸藻
		针形裸藻
	囊裸藻属 Trachelomonas	巨囊裸藻
		强棘囊裸藻
		深绿囊裸藻
		尾棘囊裸藻
		异强棘囊裸藻 T.heteromorpha Q. X.Wang
	鳞孔藻属 Lepocinclis	鳞孔裸藻 Lepocinclis

附　录

附录 C　泸沽湖草海浮游植物名录

门	属	种
蓝藻门 （5属9种）	席藻属	席藻
	颤藻属 Oscillatoria	颤藻 Oscillatoria sp.
		巨颤藻
		两栖颤藻
		小颤藻
	鞘丝藻	鞘丝藻
	胶鞘藻属 Phormidiumtenue	胶鞘藻 Phormidiumtenue sp.
		细胶鞘藻 P.
	鱼腥藻属 Anabaena	水华鱼腥藻 Anabaena flos-aquae
甲藻门 （3属3种）	角甲藻属	飞燕角甲藻 Ceratium. hirundinella
	多甲藻属 Peridinium	腰带多甲藻 Peridininium. cinctum
	光甲藻属 Glenodinium	光甲藻 Glenodinium. sp
隐藻门 （1属4种）	隐藻属 Cryptomonas	马氏隐藻 Cryptomonas Marssonii Skuja
		卵形隐藻 Cryptomonas ovata Ehr.
		虫蚀隐藻 Cryptomonas erosa Ehr.
		隐藻 Cryptomonas. sp
硅藻门 （12属15种）	桥弯藻属 Cymbella	桥弯藻 Cymbella. sp
	羽纹藻属 Pinnularia	羽纹藻 Pinnularia. sp
	小环藻属 Cyclotella	小环藻 Cyclotella
		星形库氏小环藻 C. Kutzingiana var. Planetophora Fricke
	楔形藻	楔形藻
	直链藻属 Melosira	直链藻 Melosir sp.
	舟形藻属 Navicula	舟形藻 Navicula
		淡绿舟形藻 Navicula viridula
		隐头舟形藻 Navicula cryptocephala Kutz
		喙头舟形藻 Navicula rhynchocephala

243

门	属	种
硅藻门 （12 属 15 种）	漂流藻属 *Planktoniella Schutt*	漂流藻 *Planktoniella Schutt*
	菱形藻属 *Nitzschia*	新月菱形藻 *N. closterium W.smith*
	异端藻属 *Gomphonema*	异端藻 *Gomphonema sp.*
	扇形藻属	扇形藻
	针杆藻属 *Synedra*	针杆藻 *Synedra sp.*
	星杆藻属 *Asterionella*	美丽星杆藻 *A.formosa Hassall*
绿藻门 （11 属 24 种）	衣藻属 *Chlamydomonas*	卵形衣藻 *Chamydomonas ovalis*
	卵囊藻属 *Oocystis*	湖生卵囊藻 *Oocystis lacustris*
	新月藻属 *Closterium*	库氏新月鼓藻 *C. Kuetzingii*
		美丽新月鼓 *C. venus Kutz*
		灯芯新月鼓藻 *C. juncidum Ralfs*
		戴氏新月鼓藻 *C. Dianae Ehrenb*
		拟新月藻 *Closteriopsis longissima var.tropica W.andG.S.West*
		小新月鼓藻 *C. parvulum Nag*
	角星鼓藻属 *Strurastrum*	奇异角星鼓藻 *S. paradoxum Menegh*
		厚变浮游角星鼓藻
		角星鼓藻 *Strurastrum sp.*
	纤维藻属 *Ankistrodesmus*	尖镰形纤维藻 *A. falcatus var.acicularis*
	实球藻属 *Pandorina*	实球藻 *Pandorina sp.*
	小球藻属 *Chlorella*	椭圆小球藻
		小球藻 *Chlorella sp.*
	刚毛藻属	脆弱刚毛藻
	空星藻属 *Coelastrum*	空星藻 *Coelastrum*
	栅藻属 *Scenedesmus*	二形栅藻 *Scenedesmus*
		弯曲栅藻
		斜列栅藻 *Scenedsmus obliquus*

244

门	属	种
绿藻门 （11属24种）	鼓藻属 *Cosmarium*	贝氏鼓藻
		鼓藻 *Cosmarium sp.*
		基纳汉棒形鼓藻
		角丝鼓藻 *Desmidium Schwartzii Ag*
金藻门 （1属2种）	锥囊藻属 *Dinobryon*	花环锥囊藻 *D. sertularia Ehr*
		密集锥囊藻
裸藻门 （2属9种）	扁裸藻属 *Phacus*	侧游扁裸藻 *Phacus pleuronectes*
		长尾扁裸藻 *Phacus longicauda*
	裸藻属 *Euglena*	具尾裸藻 *Euglena caudata Hubner*
		最近裸藻
		具尾裸藻
		裸藻 *Euglena*
		绿裸藻 *Euglena acus Ehrenberg*
		尖尾裸藻 *Euglena oxyuris Schmarda*
		三星裸藻
		针形裸藻 *Euglena acus Ehrenberg*
	囊裸藻属 *Trachelomonas*	多刺囊裸藻

245

附录 D 泸沽湖亮海浮游动物名录

门	属	种
原生动物 （18属33种）	袋形虫属 Bursella	袋形虫 Bursella gargamellae
	鳞壳虫属 Euglypha	蜂窝状鳞壳虫 Euglypha alveolata Dujardin
		有棘鳞壳虫 Euglypha acanthora
	砂壳虫属 Difflugia	壶形沙壳虫 D.lebes Penard
		球形沙壳虫 D.globulosa Dujardin
		长圆砂壳虫 D.obionga
		尖顶砂壳虫 D.acuminata
		梨形砂壳虫 D.pyriformis Perty
	表壳虫属 Arcella	表壳虫 Arcell sp.
		普通表壳虫 Arcell vulgaris Ehrenberg
		盘形表壳虫 Arcella discoides Ehrenbe
	焰毛虫属 Askenasia	弗氏焰毛虫 Askenasia faurei Kahl
		团焰毛虫 Askenasia sp.
		焰毛虫 Askenasia sp.
	肾形虫属 Colpoda	肾形虫 Colpoda sp.
	斜管虫属 Chilodonella	斜管虫 Chilodonella uncinata Ehrenberg
	游仆虫属 Euplotes	游仆虫 Euplotes taylori
	似铃壳虫属 Tintinnopsis	中华似铃壳虫 Tintinnopsis sinensis Nie
		王氏似玲壳虫 Tintinnopsis wangi Nie
		似铃壳虫 Tintinnopsis sp.
	钟形虫属 Vorticella	迈氏钟形虫 Vorticella mayerii Faur'e-Fr
	刺胞虫属 Acanthocystis	刺胞虫 Acanthocystis sp.
	板壳虫属 Coleps	多毛板壳虫 Coleps sp.

门	属	种
原生动物 （18属33种）	变形虫属 *Amoebida*	明亮囊变形虫 *Amoebida sp.*
		双核变形虫 *Amoebida sp.*
		辐射变形虫 *A.radiosa Dujardin*
		沼囊变形虫 *Amoebida sp.*
	急游虫属 *Strombidium*	急游虫 *Strombidium viride Stein*
	侠盗虫属 *Strobilidium*	侠盗虫 *Strobilidium gyrans*
	单缩虫属 *Carchesium*	单缩虫 *Carchesium polypinum Linne*
	砂壳虫属 *Difflugia*	针棘匣壳虫 *Difflugia sp.*
	累枝虫属 *Epistylis*	累枝虫 *Epistylis sp.*
	弹跳虫属 *Halteria*	弹跳虫 *Halteria grandinella Muller*
轮虫 *rotifer* （12属19种）	臂尾轮属 *Brachionus*	萼花臂尾轮虫 *Brachionus calyciflorus Pallas*
		角突臂尾轮虫 *Brachionus angularis Gosse*
		转轮虫 *Brachionus*
		矩形臂尾轮虫 *Brachionus leydigi Cohn*
	无柄轮虫属 *Ascomorpha*	没尾无柄轮虫 *Ascomorpha ecaudis*
	单趾轮虫属 *Monostyla*	月形单趾轮虫 *Monostyla iunaris*
	彩胃轮虫属 *Chromogaster* 晶囊轮虫属 *Asplanchna*	彩胃轮虫 *Chromogaster sp.*
		晶囊轮虫 *Asplanchna sp.*
		盖氏晶囊轮虫 *Asplanchna girodi de Guerne*
		前节囊轮虫 *Asplanchna priodonta*
	狭甲轮属 *Colurella*	钩状狭甲轮虫 *Colurella uncinata*
	鞍甲轮属 *Lepadella*	盘状鞍甲轮虫 *Lepadella patella*
	多肢轮虫属 *Polyarthra*	针簇多肢轮虫 *Polyarthra trigla*
		广布多肢轮虫 *Polyarthra sp.*
	长足轮虫属 *Rotaria*	长足轮虫 *Rotaria neptunia*
	连锁柔轮虫属 *Lindia*	连锁柔轮虫 *Lindia torulosa Dujardin*

门	属	种
轮虫 rotifer（12 属 19 种）	龟甲轮虫属 Keratella	螺形龟甲轮虫 Keratella cochlearis
		矩形龟甲轮虫 Keratella qusdrata
	橘色轮虫属 Rotaria	橘色轮虫 Rotaria Citrina
枝角类 Cladocera（14 属 35 种）	溞属 Daphnia	大型溞 Daphnia magna Straus
		袋形溞 Daphnia sp.
		隆线溞 Daphnia carinata King
		蚤状溞 Daphnia pulex
		透明溞 Daphnia hyalina
		僧帽溞 Daphnia cucullata Sars
		小栉溞 Daphnia cristata Sars
		长刺溞 Daphnia longis pina
		短钝溞 Daphnia sp.
	象鼻溞属 Bosmina	脆弱象鼻溞 Bosmina fatalis Burckharde
		柯式象鼻溞 Bosmina coregoni Baird
		长额象鼻溞 Bosmina longirostris
		象鼻溞 Bosmina sp.
	大眼溞属 Dadaya	大眼独特溞 Dadaya macrops
	网纹溞属 Ceriodaphnia	棘体网纹溞 Ceriodaphnia setosa Matile
		角突网纹溞 Ceriodaphnia cornuta Richard
	基合溞属 Bosminopsis	颈沟基合溞 Bosminopsis deitersi Richard
	盘肠溞属 Chydorus	圆形盘肠溞 Chydorus sphaericus
		锯唇盘肠溞 Chydorus barroisi
	低额溞属 Simocephalus	棘爪低额溞 Simocephalus exspinosus
	裸腹溞属 Moina	多刺裸腹溞 Moina macrocopa Straus
		长刺裸腹溞 Moina sp.
		模糊裸腹溞 Moina dubia de Guerne et Richard

续表

门	属	种
枝角类 Cladocera（14属35种）	仙达溞属 Diaphanosoma	双刺伪仙达溞 Diaphanosoma sp.
		长肢秀体溞 Diaphanosoma leuchtenbergianum Fischer
	尖额溞属 Alona	矩形尖额溞 Alona rectangula Sars
		近亲尖额溞 Alona affinis
		点滴尖额溞 Alona guttata Sars
	单眼溞属 Monospilus	异形单眼溞 Monospilus dispar Sars
	低额溞属 Simocephalus	低额溞 Simocephalus sp.
		老年低额溞 Simocephalus vetulus
	秀体溞属 Diaphanosoma	秀体溞 Diaphanosoma sp.
		短尾秀体溞 Diaphanosoma brachyurum
		寡刺秀体溞 Diaphanosoma paucispinosum Brehm
	壳腺溞属 Latonopsis	澳洲壳腺溞 Latonopsis australis Sars
桡足类 Copepods（4属12种）	剑水蚤属 Cyclopoida	大同长腹剑水蚤 Oithonidae similis
		近邻剑水蚤 Tropocyclops vicinus Uljanin
		绿色近剑水蚤 Tropocyclops prasinus
		泽柔近剑水蚤 Tropocyclops prasinus jersryensis
		剑水蚤 Tropocyclops sp.
		中华窄腹水蚤 Limnoithona sinensis
	哲水蚤属 Calanoida	汤匙华哲水蚤 Sinocalanus dorrii
	猛水蚤属 Harpacticoida	沟渠异足猛水蚤 Canthocamptus staphylinus
	镖水蚤属 Mongolodiaptomus	锥肢蒙镖水蚤 Mongolodiaptomus birulai

附录 E 泸沽湖草海浮游动物名录

门	属	种
原生动物 （7属9种）	表壳虫属 *Arcella*	表壳虫 *Arcella sp.*
	鳞壳虫属 *Euglypha*	蜂窝状鳞壳虫 *Euglypha alveolata Dujardin*
		有棘鳞壳虫 *Euglypha acanthora*
	焰毛虫属 *Askenasia*	弗氏焰毛虫 *Askenasia faurei Kahl*
	变形虫属 *Amoebida*	辐射变形虫 *A.radiosa Dujardin*
	砂壳虫属 *Difflugia*	长圆砂壳虫 *D.obionga*
		梨形砂壳虫 *D.pyriformis Perty*
	似铃壳虫属 *Tintinnopsis*	似铃壳虫 *Tintinnopsis sp.*
	榴弹虫属 *Coleps*	多榴弹虫 *Coleps hirtus*
轮虫 *rotifer* （7属11种）	多肢轮虫属 *Polyarthra*	多肢轮虫 *Polyarthra sp.*
	臂尾轮虫属 *Brachionus*	颚花臂尾轮虫 *Brachionus calyciflorus Pallas*
		壶状臂尾轮虫 *Brachionus urceus*
	晶囊轮虫属 *Asplanchna*	晶囊轮虫 *Asplanchna sp.*
		前节晶囊轮虫 *Asplanchna priodonta*
	平甲轮虫 *Platyias*	平甲轮虫 *Platyias sp.*
		十指平甲轮虫 *Platyias militaris*
	单趾轮虫属 *Monostyla*	尖角单趾轮虫 *Monostyla hamata Stokes*
		月形单趾轮虫 *Monostyla iunaris*
	龟甲轮虫属 *Keratella*	矩形龟甲轮虫 *Keratella qusdrata*
	旋轮虫属 *Rotaria*	红眼旋轮虫 *Rotaria rotatoria*

续表

门	属	种
枝角类 Cladocera（2属6种）	低额溞属 Simocephalus	棘爪低额溞 Simocephalus exspinosus
	溞属 Daphnia	隆线溞 Daphnia carinata King
		僧帽溞 Daphnia cucullata Sars
		小栉溞 Daphnia cristata Sars
		蚤状溞 Daphnia pulex
		长刺溞 Daphnia longis pina
桡足类 Copepods（3属8种）	剑水蚤属 Cyclopoida	大同长腹剑水蚤 Oithonidae similis
		剑水蚤 Cyclopoida sp.
		近邻剑水蚤 Tropocyclops vicinus Uljanin
		绿色近剑水蚤 Tropocyclops prasinus
	猛水蚤属 Harpacticoida	沟渠异足猛水蚤 Canthocamptus staphylinus
		湖泊美丽猛水蚤 Nitocra lacustris
		模式有爪猛水蚤 Canthocamptus
	镖水蚤属 Mongolodiaptomus	锥肢蒙镖水蚤 Mongolodiaptomus birulai

附录 F 泸沽湖草海水生维管束植物名录

科名	属名	种名	生活型
报春花科 Primulaceae	报春花属 *Primula*	霞红灯台报春 *Primula beesiana*	挺水
金鱼藻科 Ceratophyllaceae	金鱼藻属 *Ceratophyllum*	金鱼藻 *Ceratophyllum demersum*	沉水
狸藻科 Lentibulariaceae	狸藻属 *Utricularia*	黄花狸藻 *Utricularia aurea*	沉水
蓼科 Polygonaceae	蓼属 *Polygonum*	水蓼 *Polygonum hydropiper*	挺水
菱科 Trapaceae	菱属 *Trapa*	野菱 *Trapa incisa*	浮叶
柳叶菜科 Onagraceae	柳叶菜属 *Epilobium*	小花柳叶菜 *Epilobium parviflorum*	挺水
		柳叶菜 *Epilbium hirsutum*	挺水
毛茛科 Ranunculaceae	毛茛属 *Ranunculus*	石龙芮 *Ranunculus sceleratus*	挺水
千屈菜科 Lythraceae	千屈菜属 *Lythrum*	千屈菜 *Lythrum salicaria*	挺水
伞形科 Umbelliferae	水芹属 *Oenanthe*	水芹 *Oenanthe javanica*	挺水
		西南水芹 *Oenanthe dielsii*	挺水
		中华水芹 *Oenanthe sinensis*	挺水
杉叶藻科 Hippuridaceae	杉叶藻属 *Hippuris*	杉叶藻 *Hippuris vulgaris*	挺水
睡菜科 Gentianaceae	睡菜属 *Menyantehes*	睡菜 *Menyantehes trifoliata*	挺水
苋科 Amaranthaceae	莲子草属 *Alternanthera*	喜旱莲子草 *Alternanthera philoxeroides*	挺水
小二仙草科 Haloragidaceae	狐尾藻属 *Myriophyllum*	穗状狐尾藻 *Myriophyllum spicatum*	沉水
玄参科 Scrophulariaceae	马先蒿属 *Pedicularis*	纤裂马先蒿 *Pedicularls tenuisecta*	挺水

续表

科名	属名	种名	生活型
浮萍科 Lemnaceae	紫萍属 *Spirodela*	紫萍 *Spirodela polyrrhiza*	漂浮
禾本科 Gramineae	稗属 *Echinochloa*	稗 *Echinochloa crusgalli*	挺水
	菰属 *Zizania*	菰 *Zizania latifolia*	挺水
	假稻属 *Leersia*	李氏禾 *Leersia hexandra*	挺水
	芦苇属 *Phragmites*	芦苇 *Phragmites australis*	挺水
黑三棱科 Sparganiaceae	黑三棱属 *Sparganium*	黑三棱 *Sparganium stoloniferum*	挺水
莎草科 Cyperaceae	藨草属 *Scirpus*	藨 biao 草 *Scirpus triqueter*	挺水
		水葱 *Scirpus validus*	挺水
		中间藨草 *Scirpus intermedius*	挺水
水鳖科 Hydrocharitaceae	黑藻属 *Hydrilla*	黑藻 *Hydrilla verticillata*	沉水
	水车前属 *Ottelia*	波叶海菜花 *Ottelia acuminata*	沉水
天南星科 Araceae	菖蒲属 *Acorus*	菖蒲 *Acorus calamus*	挺水
香蒲科 Typhaceae	香蒲属 *Typha*	香蒲 *Typha orientalis*	挺水
眼子菜科 Potamogetonaceae	角果藻属 *Zannichellia*	角果藻 *Zannichellia palustris*	沉水
	眼子菜属 *Potamogeton*	扁茎眼子菜 *Potamogeton filiformis*	沉水
		穿叶眼子菜 *Potamogeton perfoliatus*	沉水
		浮叶眼子菜 *Potamogeton natans*	浮叶
		光叶眼子菜 *Potamogeton lucens*	沉水
泽泻科 Alismataceae	慈姑属 *Sagittaria*	野慈姑 *Sagittaria trifolia*	挺水

253

附录 G　泸沽湖鱼类名录

一、鲤形目 CYPRINIFORMES	11. 棒花鱼 *Abbottina rivularis*（*Basilewsky*）#
（一）鳅科 Cobitidae	二、鲱形目 CLUPEIFORMES
1. 大鳞副泥鳅 *Paramisgurnus dabryanus*（*Sauvage*）#	（三）银鱼科 Salangidae
2. 泥鳅 *Misgurnus anguillicaudatus*（*Cantor*）*	12. 大银鱼 *Protosalanx hyalocranius*（*Abbott*）#
（二）鲤科 Cyprinidae	三、鲈形目 PERCIFORMES
3. 鲤 *Cyprinus carpio carpio*#	（四）鰕虎鱼科 Gobiieae
4. 鲫 *Carassius auratus*#	13. 子陵栉鰕虎鱼 *Ctenogobius giurinus*#
5. 中华鳑鲏 *Rhodeus sinensis* #	四、鳉形目 CYPRINODONTIFORMES
6. 麦穗鱼 *Pseudorasbora parva*#	（五）花鳉科 Poeciliidae
7. 草鱼 *Ctenopharyogodon idellus*#	14. 食蚊鱼 *Gambusia affinis*#
8. 厚唇裂腹鱼 *Schizothorax labrosus Wang，Zhuang et Gao**	五、合鳃鱼目 SYNBRANCHIFORMES
9. 宁蒗裂腹鱼 *Schizothorax*（*racoma*）*ninglangensis**	（六）合鳃鱼科 Synbrachidae
10. 小口裂腹鱼 *Schizothorax microstomus Huang，sp.nov.* *	15. 黄鳝 *Monopterus albus*#

附录 H　泸沽湖鸟类名录及数量情况

目、科、属	种名	拉丁学名	居留类型	分布型	保护等级
1. 䴙䴘目䴙䴘科小䴙䴘属	小䴙䴘	*Tachybaptrus ruficollis*	留鸟	We	省、LC、*
2. 䴙䴘目䴙䴘科䴙䴘属	凤头䴙䴘	*Podiceps cristatus*	冬候鸟	Ud	省、日、LC
3. 鹈形目鸬鹚科鸬鹚属	普通鸬鹚	*Phalacrocorax carbo*	冬候鸟	O5	省、LC、*
4. 鹳形目鹭科鹭属	苍鹭	*Ardea cinerea*	留鸟	Uh	LC、*
5. 鹳形目鹭科鹭属	白鹭	*Egretta garzetta*	留鸟	Wd	
6. 鹳形目鹭科鹭属	大白鹭	*Egretta alba*	夏候鸟	O	日、澳
7. 鹳形目鹭科夜鹭属	夜鹭	*Nycticorax nycticorax*	留鸟	O2	日、LC
8. 鹳形目鹭科麻鸦属	大麻鸦	*Botaurus stellaris*	冬候鸟	Uc	省、日、LC、*
9. 鹳形目鹳科鹳属	东方白鹳	*Ciconia ciconia*	冬候鸟	Uf	I、日
10. 鹳形目鹳科鹳属	黑鹳	*Ciconia nigra*	冬候鸟	Uf	I、日
11. 雁形目鸭科雁属	斑头雁	*Anser indicus*	冬候鸟	P	LC、*
12. 雁形目鸭科雁属	灰雁	*Anser anser*	冬候鸟	Uc	LC、*
13. 雁形目鸭科麻鸭属	赤麻鸭	*Tadorna ferruginea*	冬候鸟	Uf	日、LC、*
14. 雁形目鸭科麻鸭属	翘嘴麻鸭	*Tadorna tadorna*	冬候鸟	Uf	日
15. 雁形目鸭科鸭属	针尾鸭	*Anas acuta*	冬候鸟	Ce	日、LC、*
16. 雁形目鸭科鸭属	绿翅鸭	*Anas crecca*	冬候鸟	Ce	日、LC、*

续表

目、科、属	种名	拉丁学名	居留类型	分布型	保护等级
17. 雁形目鸭科鸭属	罗纹鸭	*Anas falcate*	冬候鸟	Mi	日、NT、*
18. 雁形目鸭科鸭属	绿头鸭	*Anas platyrhynchos*	冬候鸟	Cf	日、LC、*
19. 雁形目鸭科鸭属	斑嘴鸭	*Anas poecilorhyncha*	冬候鸟	We	LC
20. 雁形目鸭科鸭属	赤膀鸭	*Anas strepera*	冬候鸟	Uf	日、LC、*
21. 雁形目鸭科鸭属	赤颈鸭	*Anas penelope*	冬候鸟	Ce	日、LC、*
22. 雁形目鸭科鸭属	白眉鸭	*Anas querquedula*	冬候鸟	Uf	日、LC、*
23. 雁形目鸭科狭嘴潜鸭属	赤嘴潜鸭	*Netta rufina*	冬候鸟	O3	LC、*
24. 雁形目鸭科潜鸭属	红头潜鸭	*Aythya ferina*	冬候鸟	Cf	日、LC、*
25. 雁形目鸭科潜鸭属	青头潜鸭	*Aythya baeri*	冬候鸟	Ma	CR、*
26. 雁形目鸭科潜鸭属	白眼潜鸭	*Aythya nyroca*	冬候鸟	O3	NT、*
27. 雁形目鸭科潜鸭属	凤头潜鸭	*Aythya fuligula*	冬候鸟	Uf	日、LC、*
28. 雁形目鸭科潜鸭属	斑背潜鸭	*Aythya marila*	冬候鸟	Ca	日、LC、*
29. 雁形目鸭科鸳鸯属	鸳鸯	*Aix galericulata*	冬候鸟	Eh	II、日、LC
30. 雁形目鸭科棉凫属	棉凫	*Nettapus coromandelianus*	留鸟	Wc	LC、*
31. 雁形目鸭科鹊鸭属	鹊鸭	*Bucephala clangula*	冬候鸟	Cb	日、LC、*
32. 雁形目鸭科秋沙鸭属	普通秋沙鸭	*Mergus albellus*	冬候鸟	Cb	日、LC、*
33. 雁形目鸭科秋沙鸭属	斑头秋沙鸭	*Mergus albellus*	冬候鸟	Uc	日、LC
34. 鹤目鹤科鹤属	灰鹤	*Grus grus*	冬候鸟	Ub	II、日、LC

续表

目、科、属	种名	拉丁学名	居留类型	分布型	保护等级
35. 鹤形目秧鸡科黑水鸡属	黑水鸡	*Gallinula chloropus*	留鸟	O2	省、日、LC、*
36. 鹤形目秧鸡科紫水鸡属	紫水鸡	*Porphyrio porphyrio*	留鸟	O1	LC、*
37. 鹤形目秧鸡科骨顶鸡属	骨顶鸡	*Fulica atra*	冬候鸟	O5	LC
38. 鸻形目鸻科麦鸡属	凤头麦鸡	*Vanellus vanellus*	冬候鸟	Ud	II、日、LC
39. 鸻形目反嘴鹬科鹮嘴鹬属	鹮嘴鹬	*Ibidorhyncha struthersii*	留鸟	Pf	LC、*
40. 鸥形目鸥科鸥属	红嘴鸥	*Larus ridibundus*	冬候鸟	Uc	日、LC、*
41. 鸥形目鸥科鸥属	渔鸥	*Larus ichthyaetus*	冬候鸟	D	LC、*
42. 雀形目鸦科鹊属	喜鹊	*Pica pica*	留鸟	Ch	LC、*
43. 雀形目鸦科鸦属	大嘴乌鸦	*Corus macrorhynchos*	留鸟	Eh	LC
44. 隼形目隼科	猎隼	*Falco cherrug*	冬候鸟	Ca	II、EN
45. 雀形目燕科	家燕	*Hirundo rustica*	夏候鸟	Ch	LC、*
46. 雀形目麻雀科麻雀属	山麻雀	*Passer rutilaus*	留鸟	Sh	LC
47. 雀形目麻雀科鹡鸰属	白鹡鸰	*M.alba*	留鸟	U	LC、*
48. 佛法僧目翠鸟科翠鸟属	普通翠鸟	*Alcedo atthis*	留鸟	O1	LC
49. 雀形目鸦科蓝鹊属	红嘴蓝鹊	*Urocissa erythrorhyncha*	留鸟	We	LC、*

注：① I 为国家一级保护动物；II 为国家二级保护动物；"日"为《中日候鸟协议》指定种类；"澳"为《中澳候鸟协议》指定种类；"省"为省级重点保护动物。* 为有益的和有重要经济、科学研究价值的种类。

② CR、EN、VU、NT、LC：世界保护联盟（IUCN）保护等级，CR（极危）、EN（濒危）、VU（易危）、NT（近危）、LC（低危）。

③ 分布型按《中国动物地理》（张荣祖著）划分。

附录 I 1992 年、2005 年、2015 年四川泸沽湖湿地冬季鸟类种类及数量比较

种　名	拉丁学名	1992 年调查数量	2005 年调查数量	2015 年调查数量
1. 小鸊鷉	*Tachybaptrus ruficollis*	100～300	10～50	5
2. 凤头鸊鷉	*Podiceps cristatus*	100～300	100～300	
3. 普通鸬鹚	*Phalacrocorax carbo*	＜10		2
4. 苍鹭	*Ardea cinerea*	10～50	＜10	
5. 白鹭	*Egretta garaetta*	＜10		
6. 大白鹭	*Egretta alba*	10～50		
7. 夜鹭	*Nycticorax nycticorax*		＜10	
8. 大麻鳽	*Botaurus stellaris*		＜10	
9. 东方白鹳	*Ciconia ciconia*	＜10		
10. 黑鹳	*Ciconia nigra*	＜10		
11. 斑头雁	*Anser indicus*			22
12. 灰雁	*Anser anser?*	100～300	300～500	203
13. 赤麻鸭	*Tadorna ferruginea*	100～300		379
14. 翘嘴麻鸭	*Tadorna tadorna*	100～300		
15. 针尾鸭	*Anas acuta*	10～50		16
16. 绿翅鸭	*Anas crecca*	500～1 000		6
17. 罗纹鸭	*Anas falcate*	50～100	＜10	21
18. 绿头鸭	*Anas platyrhynchos*	500～1 000		10
19. 斑嘴鸭	*Anas poecilorhyncha*	10～50		2
20. 赤膀鸭	*Anas strepera*	50～100		
21. 赤颈鸭	*Anas penelope*	500～1 000	300～500	
22. 白眉鸭	*Anas querquedula*	100～300		
23. 赤嘴潜鸭	*Netta rufina*	＞5 000	1 000	430

续表

种　名	拉丁学名	1992 年调查数量	2005 年调查数量	2015 年调查数量
24. 红头潜鸭	*Aythya ferina*	500～1 000	1 000	65
25. 青头潜鸭	*Aythya baeri*			4
26. 白眼潜鸭	*Aythya nyroca*	500～1 000	10～50	
27. 凤头潜鸭	*Aythya fuliqula*	100～300	100～300	6
28. 斑背潜鸭	*Aythya marila*	100～300		
29. 鸳鸯	*Aix galericulata*	<10		
30. 棉凫	*Nettapus coromandelianus*	10～50		
31. 鹊鸭	*Bucephala clangula*	100～300	10～50	12
32. 普通秋沙鸭	*Mergus albellus*	100～300	<110	
33. 斑头秋沙鸭	*Mergus albellus*	50～100	<10	
34. 灰鹤	*Grus grus*	<10	<10	
35. 黑水鸡	*Gallinula chloropus*	<10	<10	6
36. 紫水鸡	*Porphyrio porphyrio*		30	9
37. 骨顶鸡	*Fulica atra*	>5 000	300～500	539
38. 凤头麦鸡	*Vanellus vanellus*		<10	
39. 鹮嘴鹬	*Ibidorhyncha struthersii*	<10		
40. 红嘴鸥	*Larus ridibundus*	50～100	10～50	53
41. 渔鸥	*Larus ichthyaetus*		<10	
42. 喜鹊	*Pica pica*			15
43. 红嘴蓝鹊	*Urocissa erythrorhyncha*			3
44. 大嘴乌鸦	*Corus macrorhynchos*			20
45. 猎隼	*Falco cherrug*			
46. 家燕	*Hirundo rustica*			
47. 山麻雀	*Passer rutilaus*			
48. 白鹡鸰	*M.alba*			
49. 普通翠鸟	*Alcedo atthis*			

259

注：1992 年为崔学振等的调查。2005 年为李丽纯、林雯等的调查。2015 年为彭徐的调查。

附录 J　泸沽湖小草海拦截净化功能测定结果汇总表

序号	测定时间	检测指标	单位	小草海入口	小草海中心区域	小草海出口
1	2014.07.07	高锰酸盐指数	mg/L	1.82	5.89	5.57
		总氮	mg/L	ND	0.89	0.779
		总磷	mg/L	0.01	0.068	0.046
		氨氮	mg/L	ND	0.436	0.315
		pH		8.48	6.94	6.94
2	2014.07.27	高锰酸盐指数	mg/L	6.95	6.92	7.15（A）；8.08（B）
		浊度	FTU	6.29	1.35	19.03（A）；4.99（B）
		总磷	mg/L	0.49	0.044	0.089（A）；0.048（B）
		氨氮	mg/L	0.185	0.143	0.104（A）；0.257（B）
		悬浮物	mg/L	112	68	83（A）；90（B）
		pH		7.01	7.12	7.15（A）；7.00（B）
3	2014.08.04	高锰酸盐指数	mg/L	7.72	6.75	6.62
		浊度	FTU	6.24	2.60	2.15
		总磷	mg/L	0.043	0.021	0.117
		氨氮	mg/L	0.198	0.188	0.110
		悬浮物	mg/L	115	120	115
		pH		6.95	7.04	7.12
4	2014.08.12	高锰酸盐指数	mg/L	1.53	8.28	7.31
		浊度	FTU	1.16	19.81	3.47
		总磷	mg/L	0.017	0.022	0.037

序号	测定时间	检测指标	单位	小草海入口	小草海中心区域	小草海出口
4	2014.08.12	氨氮	mg/L	0.042	0.430	0.259
		悬浮物	mg/L	43	89	65
		pH		6.95	7.04	7.12
5	2014.08.19	高锰酸盐指数	mg/L	1.53	8.28	7.31
		pH	无量纲	6.48	6.38	6.84
		浊度	FTU	1.16	19.81	3.47
		悬浮物	mg/L	43	89	65
		总氮	mg/L	1.606	1.412	1.422
		总磷	mg/L	0.017	0.022	0.037
		化学需氧量	mg/L			
		氨氮	mg/L	0.042	0.430	0.259
6	2014.08.26	高锰酸盐指数	mg/L	0.69	7.27	6.85
		pH	无量纲	6.69	6.51	6.69
		浊度	FTU	1.15	18.71	11.17
		悬浮物	mg/L	35	127	98
		总氮	mg/L	2.841	0.718	0.473
		总磷	mg/L	ND	0.035	0.014
		化学需氧量	mg/L	7.20	42.80	32.74
		氨氮	mg/L	0.034	0.371	0.274
7	2014.09.04	高锰酸盐指数	mg/L	0.89	6.46	7.05
		pH	无量纲	6.39	6.36	6.61
		浊度	FTU	1.12	18.27	11.00
		悬浮物	mg/L	35	120	105
		总氮	mg/L	2.106	0.269	0.361
		总磷	mg/L	0.010	0.023	0.031
		化学需氧量	mg/L	5.64	35.42	28.00
		氨氮	mg/L	0.037	0.180	0.259

序号	测定时间	检测指标	单位	小草海入口	小草海中心区域	小草海出口
8	2014.09.11	高锰酸盐指数	mg/L	0.77	6.18	6.69
		pH	无量纲	6.21	6.23	6.58
		浊度	FTU	1.72	19.60	16.23
		悬浮物	mg/L	20	73	94
		总氮	mg/L	1.137	0.433	0.468
		总磷	mg/L	ND	0.014	0.013
		化学需氧量	mg/L	9.20	35.40	46.50
		氨氮	mg/L	0.037	0.228	0.338
9	2014.09.18	高锰酸盐指数	mg/L	0.89	5.74	6.69
		pH	无量纲	5.99	7.11	7.09
		浊度	FTU			
		悬浮物	mg/L			
		总氮	mg/L			
		总磷	mg/L	0.016	0.012	0.027
		化学需氧量	mg/L			
		氨氮	mg/L	ND	0.111	0.259
10	2014.09.25	高锰酸盐指数	mg/L	1.66	7.31	7.51
		pH	无量纲	6.08	6.84	6.80
		浊度	FTU			
		悬浮物	mg/L			
		总氮	mg/L			
		总磷	mg/L	0.029	0.029	0.112
		化学需氧量	mg/L			
		氨氮	mg/L	ND	0.191	0.344

附录 K　公众对泸沽湖景区人文景观满意度调查问卷模版

姓名		民族		性别		年龄		职业	

您的身份（选择其一在"□"中打"√"）：

本地户籍居民□本地暂住居民□旅游者□其他□

您的文化程度

大学本科以上□大专中专□高中□初中以下□

您来泸沽湖的主要目的是什么？

旅游度假□科学考察□商务需求□其他□

---

1. 您认为泸沽湖吸引您的地方是（可多选）：

高原湖泊□森林和山峦□水质优良□动植物资源丰富□湿地□

环境空气质量优良□独特的民族文化、民俗民居□风味饮食□

其他：

2. 您看到泸沽湖的第一印象是：

比想象中的要好得多□比想象中的稍好点□与想象中的差不多□没有想象中的好，可以接受□差得很远，来后很失望□

3. 您对泸沽湖旅游区自然景观（湖、山、森林、湿地等）的总体评价

好□较好□一般□差□极差□

4. 您对泸沽湖水环境质量的总体评价

好□较好□一般□差□极差□

5. 旅游服务设施与自然景观协调性（如景观小品、客栈宾馆等）

好□一般□不好，影响了自然景观美感□

6. 您在泸沽湖旅游的总体消费情况？ _____元。

7. 您参加的旅游活动中，最喜欢的两项活动是：

划船□骑马□参观家庭/村庄□篝火晚会□徒步和登山□观鸟□游览湿地

其他□

8. 您认为泸沽湖旅游区环保设施对泸沽湖环境保护的效果如何（如湿地工程、污水和垃圾处理等）

好□ 较好□ 一般□ 差□ 极差□

您对泸沽湖景区人文景观满意吗（选择其一在"□"中打"√"）：

满意□ 较满意□ 一般□ 不满意□ 很差□

您认为泸沽湖美学观赏价值

很高□ 较高□ 高□ 一般□ 较低□ 很低□

您认为泸沽湖康娱价值

很高□ 较高□ 高□ 一般□ 较低□ 很低□

您认为泸沽湖气候舒适度

满意□ 较满意□ 一般□ 不满意□ 很差□

您认为泸沽湖科考价值

很高□ 较高□ 高□ 一般□ 较低□ 很低□

您认为泸沽湖景点保护度

很高□ 较高□ 高□ 一般□ 较低□ 很低□

您认为泸沽湖景象组合

满意□ 较满意□ 一般□ 不满意□ 很差□

您认为泸沽湖湖滨带生态建设状况

满意□ 较满意□ 一般□ 不满意□ 很差□

您认为泸沽湖社区人口环保意识

很高□ 较高□ 高□ 一般□ 较低□ 很低□

您认为泸沽湖污染治理状况

满意□ 较满意□ 一般□ 不满意□ 很差□

您对泸沽湖景观保护及开发利用的意见：

附录 L　泸沽湖部分浮游植物图片

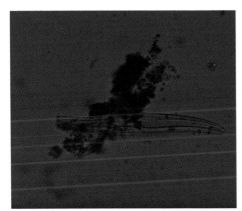

图 L1　尖布纹藻

图 L2　飞燕角藻

图 L3　鱼鳞藻

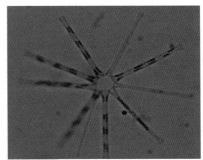

图 L4　美丽星杆藻

图 L5　实球藻

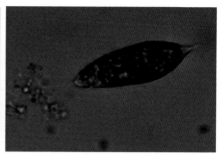

图 L6　绿裸藻

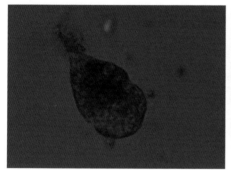

图 L7　巴豆叶脆杆藻

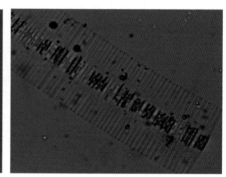

图 L8　多养扁裸藻

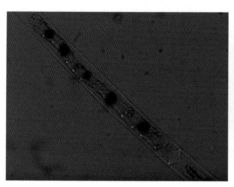

图 L9　转板藻

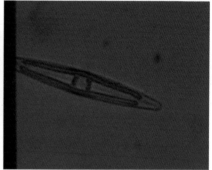

图 L10　喙头舟形藻

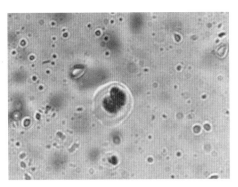

图 L11　瑞士色球藻

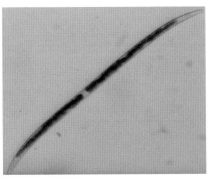

图 L12　细新月鼓藻

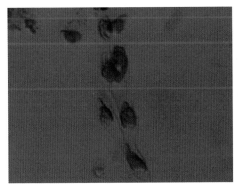

图 L13　花环椎囊藻

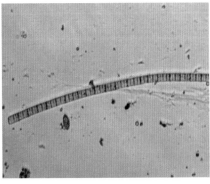

图 L14　小颤藻

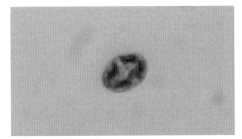

图 L15　湖生卵囊藻

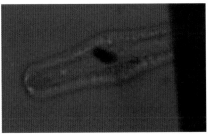

图 L16　三节曲壳藻

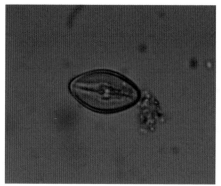
图 L17　扁圆卵形藻

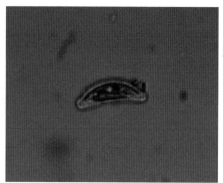
图 L18　光亮窗纹藻

图 L19　埃伦桥弯藻

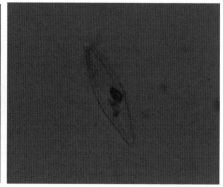
图 L20　菱形勒缝藻

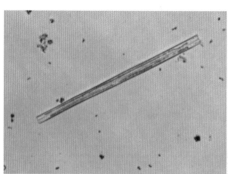
图 L21　针杆藻

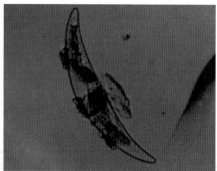
图 L22　美丽新月鼓藻

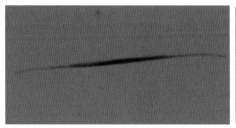

图 L23　库氏新月鼓藻

图 L24　弯曲栅藻

图 L25　密集椎囊藻

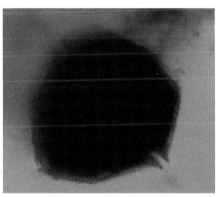

图 L26　腰带多甲藻

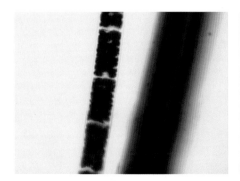

图 L27　水绵

图 L28　刚毛藻

附录 M 波叶海菜花及其开发利用图片

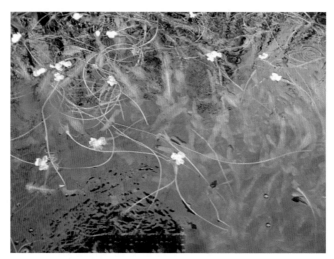

图 M1 波叶海菜花

图 M2 波叶海菜花观察

图 M3　波叶海菜花生殖器官（1）

图 M4　波叶海菜花生殖器官（2）

图 M5　波叶海菜花生殖器官（3）

图 M6　波叶海菜花生殖器官（4）

图 M7　波叶海菜花开发利用

附录 N　波叶海菜花时空分布图片

图 N1　岛屿岸线分布（王妃岛）（1）

图 N2　岛屿岸线分布（安娜俄岛）（2）

图 N3　亮海云南沿岸线分布（1）

图 N4　亮海云南沿岸线分布（2）

图 N5　亮海浅水区分布

图 N6　亮海浅水区植株观测

图 N7 亮海四川沿岸线分布（1）

图 N8 亮海四川沿岸线分布（2）

图 N9　亮海四川沿岸线分布（3）

图 N10　亮海四川沿岸线分布（4）

图 N11　亮海四川沿岸线分布（5）

图 N12　亮海四川沿岸线分布（6）

图 N13　波叶海菜花亮草海交界处分布

图 N14　波叶海菜花湖湾码头分布

附录 O　泸沽湖部分鸟类图片

图 O1　紫水鸡

图 O2　鸳鸯

图 O3 赤嘴潜鸭

图 O4 斑嘴鸭

图 O5 黑水鸡

图 O6 泸沽湖万鸟聚集

图 O7 红嘴鸥

图 O8　绿头鸭

图 O9　骨顶鸡

图 O10　赤麻鸭

附录 P　泸沽湖部分菌种鉴定图片

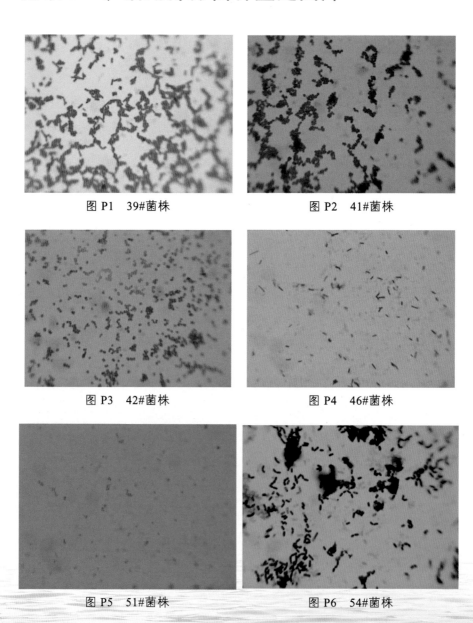

图 P1　39#菌株

图 P2　41#菌株

图 P3　42#菌株

图 P4　46#菌株

图 P5　51#菌株

图 P6　54#菌株

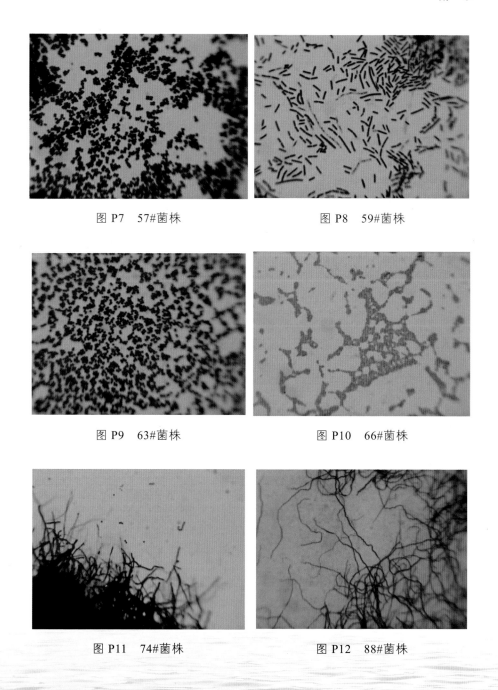

图 P7　57#菌株

图 P8　59#菌株

图 P9　63#菌株

图 P10　66#菌株

图 P11　74#菌株

图 P12　88#菌株

附录 Q 泸沽湖部分分离菌株革兰氏染色显微 照片

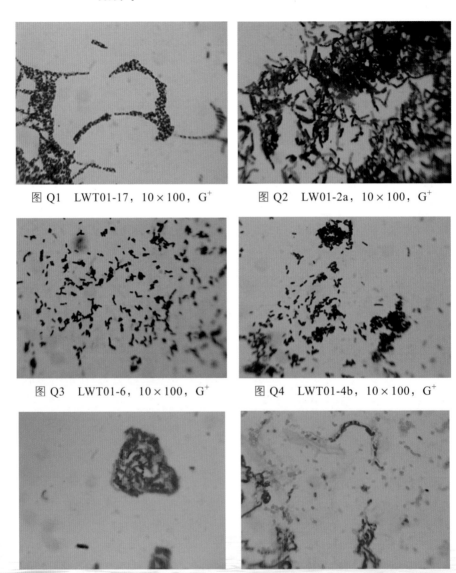

图 Q1 LWT01-17，10×100，G⁺

图 Q2 LW01-2a，10×100，G⁺

图 Q3 LWT01-6，10×100，G⁺

图 Q4 LWT01-4b，10×100，G⁺

图 Q5 LW01-2b，10×100，G⁻

图 Q6 LWT01-3b，10×100，G⁻

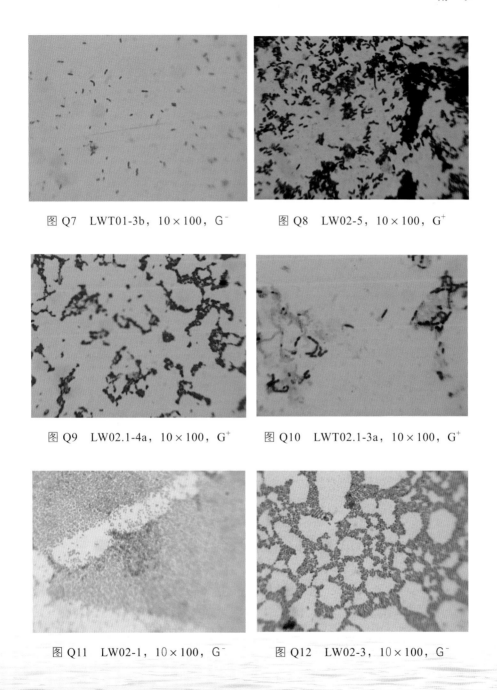

图 Q7　LWT01-3b，10×100，G⁻　　　图 Q8　LW02-5，10×100，G⁺

图 Q9　LW02.1-4a，10×100，G⁺　　　图 Q10　LWT02.1-3a，10×100，G⁺

图 Q11　LW02-1，10×100，G⁻　　　图 Q12　LW02-3，10×100，G⁻

287

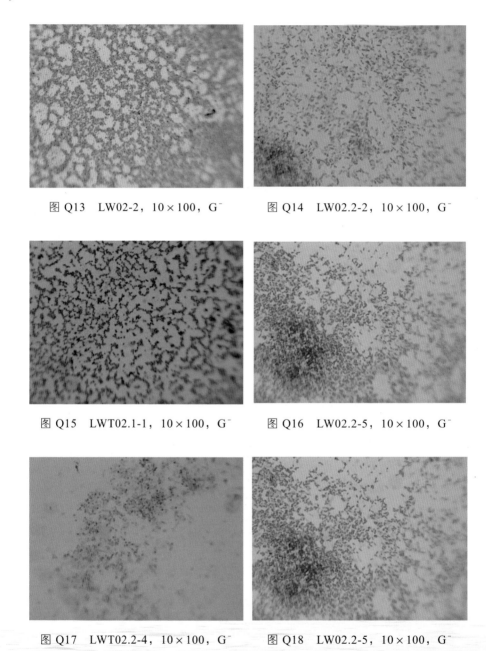

图 Q13　LW02-2，10×100，G⁻　　　图 Q14　LW02.2-2，10×100，G⁻

图 Q15　LWT02.1-1，10×100，G⁻　　　图 Q16　LW02.2-5，10×100，G⁻

图 Q17　LWT02.2-4，10×100，G⁻　　　图 Q18　LW02.2-5，10×100，G⁻

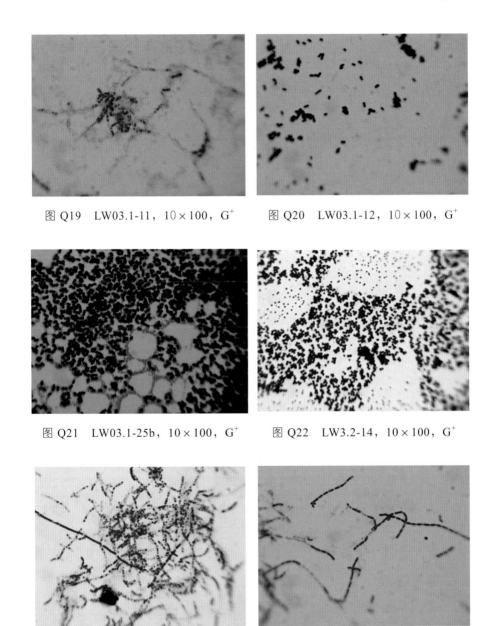

图 Q19　LW03.1-11，10×100，G$^+$　　图 Q20　LW03.1-12，10×100，G$^+$

图 Q21　LW03.1-25b，10×100，G$^+$　　图 Q22　LW3.2-14，10×100，G$^+$

图 Q23　LW3.2-14，10×100，G$^+$　　图 Q24　LWT03.2-20b，10×100，G$^+$

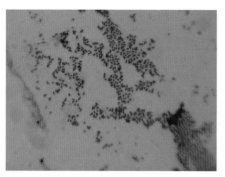 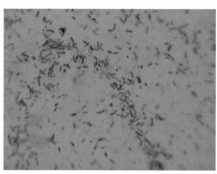

图 Q25　LW03.1-17b，10×100，G⁻　　　图 Q26　LW03.1-25a，10×100，G⁻

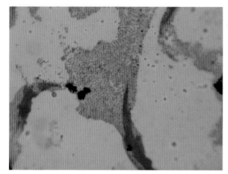 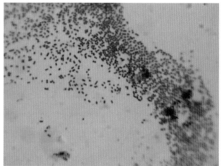

图 Q27　LW32-11a，10×100，G⁻　　　图 Q28　LWT03.2-7，10×100，G⁻

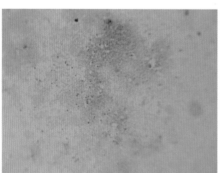 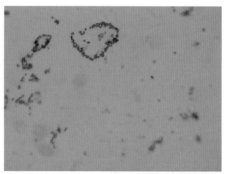

图 Q29　LWT03.1-24，10×100，G⁻　　　图 Q30　LWT03.2-13，10×100，G⁻

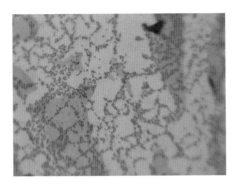

图 Q31　LW03.2-3，10×100，G⁻

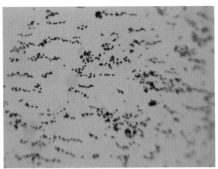

图 Q32　LW03.2-12，10×100，G⁻

附录 R　泸沽湖草海水生维管束植物群落类型图片

图 R1　黑山棱群落

图 R2　菰群落

图 R3　芦苇群落

图 R4　水葱群落

图 R5　李氏禾群落

图 R6　浮叶眼子菜群落

图 R7　黄花狸藻群落

图 R8 金鱼藻群落

295

图 R9 浮萍群落

附录 S 小草海周边环境情况图

图 S1 小草海周边新挖鱼池

图 S2 小草海出水口

图 S3 小草海鹅、鸭

图 S4 小草海水质测定采样